高等职业教育农业农村部“十三五”规划教材

小动物创新系列教材

小动物皮肤病诊疗技术

张红超 主编

中国农业出版社

北 京

内容简介

《小动物皮肤病诊疗技术》编写始终遵循职业教育“以能力为本位，以岗位为目标”的原则，淡化学科体系，强调技能培养。本教材内容包括皮肤病基础知识与检查技术和小动物皮肤病诊疗技术两个项目，共 13 个工作任务。体现了当今小动物皮肤病最新临床诊断和治疗技术，与宠物医院岗位紧密对接，突出实践性和实用性。

本教材取材丰富、图文并茂、资料新颖、注重实践、诊疗技术先进而实用，既可以作为高等农业职业院校动物医学、宠物医疗技术、畜牧兽医相关专业的教材，也可作为兽医临床工作者的参考书。

编审人员

主　　编　张红超（河南农业职业学院）

副 主 编　范素菊（周口职业技术学院）

李鹏伟（河南农业职业学院）

李梅清（山东畜牧兽医职业学院）

参　　编（以姓氏笔画为序）

白鹏霞（青海农牧科技职业学院）

刘　洋（河南省农业广播电视学校）

刘　燕（河南农业职业学院）

杨海波（河南省动物疫病预防控制中心）

陈朝澧（台湾兽医皮肤专科医院）

宫福朋（河南郑州非凡动物医院）

郑全芳（信阳农林学院）

高　亮（伊犁职业技术学院）

审　　稿　杨自军（河南科技大学）

前言

根据《国家职业教育改革实施方案》《职业院校教材管理办法》和《关于推动现代职业教育高质量发展的意见》等文件精神，我们坚持以综合素质为基础、以能力为本位、以就业为导向的方针，充分反映行业新知识、新技术、新方法，在参阅大量文献资料基础上，组织编写了《小动物皮肤病诊疗技术》。本教材内容丰富、图文并茂、注重实践、方法与技术先进，体现了兽医科技发展的最新水平。

本教材的编写突出五个特点：一是“理论够用，突出重点难点”，重在培养学生解决实际问题的能力，以满足学习和掌握实际操作技能的需要；二是“注重实训，强化实践技能”，在基本理论知识够用的基础上，强化实训，以满足加强实践技能培训的需要；三是“新颖实用，适用广泛”，及时吸纳了近年来兽医学的新理论和新技术，以保持教材内容的新颖性和时代感；四是“体现最新职业教育教学改革精神”，突出“专业与产业、职业岗位对接，专业课程内容与职业标准对接，教学过程与生产过程对接，学历证书与职业资格证书对接，职业教育与终身教育学习对接”；五是“突出基于工作岗位的任务式教学”。本教材既可以作为高等农业职业院校动物医学、宠物医疗技术、畜牧兽医相关专业的教学用书，也可作为基层兽医工作者的参考书。

本教材项目1的任务1、任务2、附录由张红超编写，项目2的任务1、任务9由范素菊编写，项目2的任务2、任务10由李鹏伟编写，项目2的任务3由李梅清编写，项目2的任务4由白鹏霞编写，项目1的任务3由刘燕编写，项目2的任务5由刘洋编写，项目2的任务6由杨海波编写，项目2的任务7由高亮编写，项目2的任务8由郑全芳编写。陈朝澧、宫福朋为本教材提供了丰富的临床影像资料。

本教材由河南科技大学杨自军教授审定。教材编写过程中得到了教育部国家级职业教育教师教学创新团队课题（编号：ZI2021100105）、河南省高等教育教学改革研究与实践项目（编号：2017SJGLX152、2019SJGLX706）和国家“万人计划”朱金凤名师工作室的鼎力支持，在此一并感谢。

由于水平所限，资料收集整理中难免有所遗漏，不尽完善及错误之处在所难免，在此真诚恳请有关专家、广大师生和读者给予批评指正。

编　者

2022年1月

目录

项目一　皮肤病基础知识与检查技术

任务一　皮肤的结构与生理

扫码看彩图

任务目标

能辨别皮肤的基本结构，掌握皮肤及其附属器官的功能特点；能根据皮肤的结构及功能分析皮肤疾病。

任务准备

皮肤是动物机体最大的器官，是机体与外部接触的第一道屏障。它覆盖全身，保护体内各组织和器官免受外界的物理性、化学性、机械性和病原性微生物的侵袭，对机体的生命活动具有重要意义。广义上讲，皮肤由表皮、真皮和皮下组织三部分构成，而毛发、指（趾）甲、汗腺、皮脂腺是由表皮衍生出来的，是皮肤的附属器官。在皮肤组织内，含有丰富的血管、淋巴管和神经。

一、皮肤的结构

（一）表皮

表皮是皮肤最外面的一层，由角化的复层鳞状上皮组成，由内向外依次为基底层、棘层、颗粒层和角质层共 4 层组成（图 1-1-1）。表皮与真皮不同，没有支持组织，全部由细胞组成，表皮的细胞来自不同的胚原，功能各异，它们紧密联系在一起，但仍保持各自独立的结构与功能。

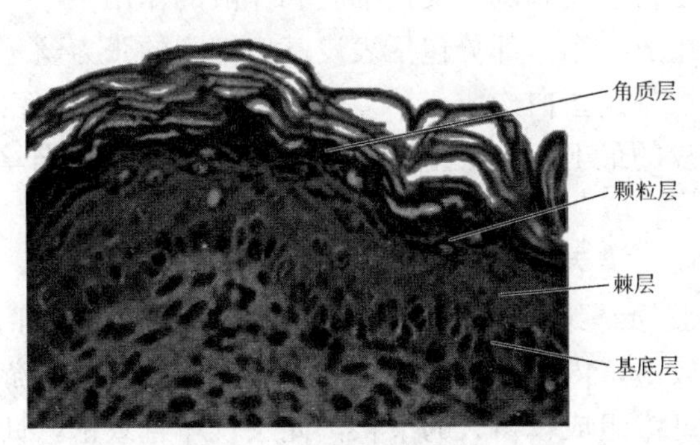

图 1-1-1　表皮显微镜下结构（100×）

1. 基底层 位于表皮的最下层，由单层排列的柱状上皮或立方上皮组成。核染色质丰富，不断分裂形成新的角质形成细胞，向表层推进并更新上层细胞。下层有半桥粒与基底膜相连，上层和周围与桥粒相连，当表皮细胞水肿时，细胞间隙增大，可清晰地看到细胞之间的桥粒连接。

桥粒是连接角质形成细胞之间的主要结构，由相邻细胞之间的细胞膜发生卵圆形致密增厚而共同构成，主要作用是维持细胞之间的连接。一旦桥粒被破坏，则会引起角质形成细胞的松解，即表皮松解。

分散在基底细胞间的有黑色素细胞和默克尔细胞。黑色素细胞产生的黑色素能吸收紫外线，可保护深部组织免受辐射损伤；默克尔细胞位于基底层或基底层的下层，是重要的触觉感受器，有机械性感觉触觉的作用。

2. 棘层 位于基底层的上层，由基底层分裂增殖的子细胞组成，细胞形态为多边形或扁平柱状。在有毛区域，由1～2层细胞组成，而在足垫、鼻面部和皮肤黏膜结合处比较厚，甚至可达20层。棘层细胞通过细胞间的桥粒相互连接。

3. 颗粒层 位于棘层的上层，细胞形态为扁平状，嗜碱性，以细胞质内含有大而深染的透明角质颗粒为特征，这种颗粒具有角化作用和屏障功能。该层在有毛区域由1～2层细胞组成，而在无毛区域和毛囊漏斗部通常由4～8层组成。

4. 角质层 位于表皮的最外层，由多层扁平、无核、死亡的角质细胞组成，内含角蛋白。相邻细胞边缘互相重叠，对角质层具有更好的保护作用。角质细胞是表皮细胞代谢的最后阶段。

角质形成细胞由基底层的柱状细胞形成并分化后，子细胞进入棘层，细胞变为多面体结构。细胞表面含有大量桥粒形成的棘突，继续分化至颗粒层，此时细胞变为扁平结构。在胞质内含有大量的透明角质颗粒，随着时间推移，细胞器退化，细胞核缺失，无活性的颗粒细胞就形成了死的角质层。

对犬来说，角质形成细胞从基底层分化移行至角质层细胞脱落，此过程需要21～22 d。皮肤的损伤可以导致这一过程缩短，甚至微小的影响都可能改变这一过程。

（二）表皮-真皮连接（基底膜）

表皮和真皮间连接的主要结构是基底膜。基底膜是表皮的基础，表皮通过基底膜牢固地固定在真皮上，维持表皮正常功能和增殖，维持组织细胞结构，帮助伤口愈合，同时也是真皮和表皮的屏障，具有维持表皮和真皮交换细胞和体液的作用。

基底膜由三个部分组成，第一部分包括表皮基底细胞的张力丝——半桥粒复合带和透明板，主要由蛋白多糖、层粘连蛋白构成；第二部分是致密板，主要由Ⅳ型胶原蛋白构成；第三部分是从致密板到真皮的最上部分，主要由锚原纤维和耐酸纤维丝构成。

（三）真皮

真皮位于表皮的下层，为表皮、真皮和皮肤附属器官提供营养，同时有调节体温和触觉感觉器的作用。主要由胶原纤维、弹性纤维、基质和细胞组成。可分为乳头层和网状层两层。乳头层接近表皮，较薄，内含丰富的毛细血管和淋巴管，并有游离神经末梢；网状层位于乳头层下方，由胶原纤维组成较粗大的束状，此层较厚且致密，韧性大，抗拉力强，但缺乏弹性，拉长后可恢复原状。基质为无定形的匀质状物质，填充于纤维和细胞之间，主要成分为蛋白多糖。真皮中的细胞主要由成纤维细胞、肥大细胞、巨噬细胞和树突状细胞组成。

1. 真皮的纤维　真皮的纤维主要由胶原纤维和弹性纤维组成，纤维排列有序，一束胶原纤维被弹性纤维包裹，无纤维部分主要是蛋白多糖。真皮的最上层是排列无序的、疏松的胶原纤维和网状的弹性纤维，这些纤维在真皮的深层逐渐减少，取而代之的是胶原蛋白和部分蛋白多糖。

（1）胶原纤维。主要由胶原蛋白组成，占真皮纤维的95%～98%，胶原纤维是成纤维细胞的产物。

胶原蛋白是主要的真皮细胞外蛋白，占细胞外蛋白的80%，是由皮肤的成纤维细胞以酶原的形式分泌的，胶原通过不同形式转化为活性成分。这些纤维对动物的蛋白酶很耐受，但是能被胶原酶破坏。

羟脯氨酸是组成胶原蛋白的重要氨基酸，它在胶原蛋白中含量很丰富也很重要，当胶原蛋白被破坏的时候就被释放出来产生应答反应。

胶原蛋白在真皮中合成缓慢，主要由真皮细胞成分调控其合成，这些真皮细胞成分能对部分损伤和伤口愈合产生应答。

（2）弹性纤维。与胶原纤维平行或斜行交织。与胶原纤维不同，它的分支与邻近弹性纤维连接。网状层有较多的弹性纤维，粗大，与表皮平行，乳头层的弹性纤维较纤细，与表皮垂直。

弹性纤维由丝蛋白和弹性蛋白两种成分构成。丝蛋白是无定型的，完全成熟的丝蛋白纤维被微纤维包裹；弹性蛋白是一种富含缬氨酸和丙氨酸等特殊氨基酸的共价交联多肽，胱氨酸含量低，不含组氨酸和蛋氨酸。而微纤维的氨基酸成分与弹性蛋白不同，富含胱氨酸、蛋氨酸和组氨酸，而丙氨酸、甘氨酸和缬氨酸含量低，不含羟脯氨酸。

（3）网织纤维。正常皮肤内只有少量网织纤维，位于毛囊、皮脂腺、汗腺、血管周围及真皮、表皮交界处。基底膜内及其下方有丰富的网织纤维，纤维细丝穿过基底膜，有助于与真皮的结合。

2. 真皮的细胞　真皮中除了腺体、肌肉、神经和血管组织外，还有不同的细胞，这些细胞可以通过直接接触或可溶性物质来实现与其他细胞的相互作用，以此来完成不同的功能。

（1）成纤维细胞。主要负责纤维和非纤维结缔组织基质蛋白的合成与降解。这些细胞很活跃，能同时分泌很多种基质成分。成纤维细胞与纤维基质的附着是由细胞表面的纤维连接蛋白介导的，胶原蛋白和纤维连接蛋白的结合位点是互补的。成纤维细胞能产生胶原酶和明胶酶，这些酶能降解胶原蛋白。另外，成纤维细胞还可以分泌多种细胞因子来影响表皮细胞的增殖活性。

（2）肥大细胞。主要存在于真皮内，特别是在浅表血管丛和表皮附属结构。肥大细胞含有丰富的深染颗粒和溶酶体细胞质颗粒，且细胞的表面有微绒毛和一层纤维连接蛋白，这样的结构有利于附着在结缔组织基质上。皮肤的肥大细胞属于结缔组织肥大细胞，但是与肌肉的肥大细胞在形态和染色特性上不同。

肥大细胞参与过敏反应。犬的皮肤有“特异性”和“非特异性”两种肥大细胞，分别在过敏反应的晚期和早期起作用。

（3）巨噬细胞。是从单核细胞分化而来的，内含多个吞噬空泡，这有助于与成纤维细胞辨别。巨噬细胞能分泌很多物质，包括细胞因子、补体、蛋白水解酶和抗微生物因子等。

（4）树突状细胞。树突状细胞包括黑色素细胞和朗汉斯细胞，存在于表皮的深层和真皮。黑色素细胞产生黑色素，并用胞突将黑色素转运至角质形成细胞，表皮沉积大量黑色素可保护皮肤深部组织免受紫外线伤害；朗汉斯细胞是含有透明细胞质的树突状细胞，抗原刺激朗汉斯细胞后，该细胞从表皮通过皮肤淋巴管移行至淋巴结，并在淋巴管中形成线状，起重要的抗原递呈作用。在真皮中也能找到其他树突状抗原细胞，这些细胞一般出现在皮肤浅表静脉的血管周围。

3. 真皮的基质 在真皮的纤维间，纤维与细胞间，存在着由成纤维细胞分泌的凝胶状物质，这些物质构成了真皮的基础成分，主要包括透明质酸、软骨素、肝素盐，这些成分均属于蛋白多糖。

目前，蛋白多糖的降解和转换尚不清楚，但已证实蛋白多糖参与皮肤水盐平衡的调节。此种成分在溶液中有黏性，这样可以对皮肤的其他成分起到支持作用。另外，蛋白多糖在细胞的生长、分化、代谢和移行中都有很重要的作用。

（四）皮下组织

皮下组织位于真皮的下层，与真皮无明显界限，与筋膜、肌膜等组织相连，由疏松结缔组织和脂肪小叶组成，又称脂膜。其厚薄因动物体不同部位而异。皮下组织有丰富的血管、淋巴管及神经。

二、皮肤的附属器官

皮肤附属器官由表皮衍生而来，包括汗腺、皮脂腺、毛发、指（趾）甲、立毛肌等。皮肤附属器官对维持正常的皮肤功能具有重要作用。

（一）汗腺

汗腺分为毛上汗腺和无毛汗腺两种。

毛上汗腺又称顶泌汗腺，分布于除足垫和鼻镜以外的全身皮肤，其分泌液为乳状液，无气味，排出后被细菌分解产生特殊臭味。此类汗腺的开口在毛囊的漏斗区，其分泌液主要成分是信息激素和抗菌成分，水分含量少，以蛋白质和脂质为主。

无毛汗腺又称外分泌汗腺，犬、猫的无毛汗腺并不发达，主要分布于鼻镜和足垫等处。无毛汗腺直接开口于皮肤，开口处有一小凹陷，向下至真皮、皮下组织交界处。

汗腺的主要作用是维持皮肤表面的湿度；协助保护摩擦部位的皮肤，如足垫、眼睑；维持皮肤表面的柔韧性，排泄代谢产物。另外，汗液中的某些成分具有化学保护作用，如免疫球蛋白、转运蛋白和氯化钠等，汗液中的这些盐和蛋白质同样给皮肤的微生物提供了营养，也对维持皮肤的正常酸碱度起到很重要的作用。

（二）皮脂腺

皮脂腺属于全浆腺，主要分泌皮脂。腺体位于毛囊上部，呈泡状，外层为扁平或立方形细胞，其外由基底膜或结缔组织包裹（图 1-1-2）。皮脂腺中心部的细胞成熟后，胞质内含较多的脂肪滴细胞，破碎后释出脂肪滴，由导管排出。皮脂的产生和释放受多种因素的影响，尤其是性激素和糖皮质激素可调控其产生和释放。

皮脂腺在毛囊密度低的部位分布较多，如皮肤黏膜交界处、趾间、肛周、下颌和尾巴周围等。

皮脂在皮肤表面形成了一层保护层，可防止病原微生物通过角质层进入毛囊；帮助控制皮肤水分的丢失，保持皮肤表面的湿度；维持毛发的质量和光泽，保持皮肤和被毛的弹性；

皮脂与汗液相互作用形成的乳状液，可维持皮肤的正常微生物群，提高表皮角质层的渗透性。

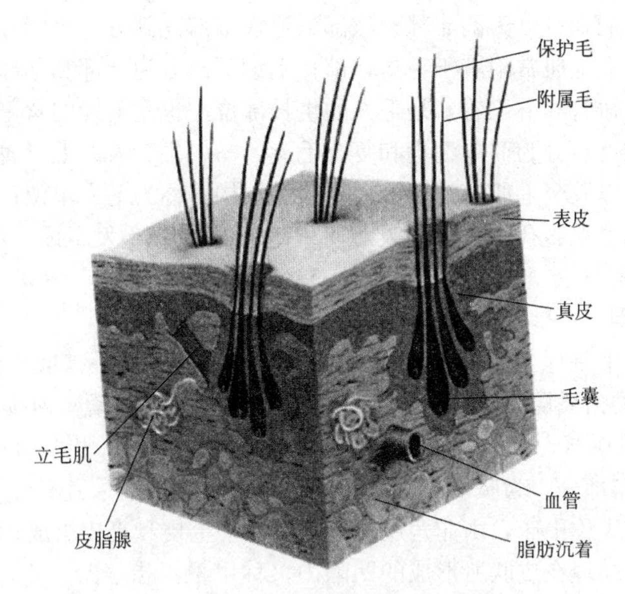

图 1-1-2 皮肤附属结构模式示意

(三) 毛发

1. 毛发 毛发是动物机体重要的感觉器官，可保护皮肤免受外界物理和化学刺激，同时还参与调节体温，增进皮肤代谢的作用。毛发长在类似筒状的毛囊中，露出皮肤表面的为毛干，生长于毛囊内的称为毛根。

毛发由角化的表皮细胞构成，由外到内又分为毛小皮、毛皮质、毛髓质三层。根据毛发的结构特点可分为初级毛发和次级毛发。初级毛发毛髓含量高，毛根粗大，有皮脂腺和汗腺分布，具有很好的防水作用；次级毛发毛髓含量少，通常充满空气，毛根更细更浅，无皮脂腺和汗腺分布，具有很好的隔热作用。

毛发的生长是周期性的，可分为生长期、中间期和休止期（图 1-1-3）。毛发生长周期的长短受被毛的长度、品种、年龄、日照时间、气温、营养、激素水平等因素的影响。

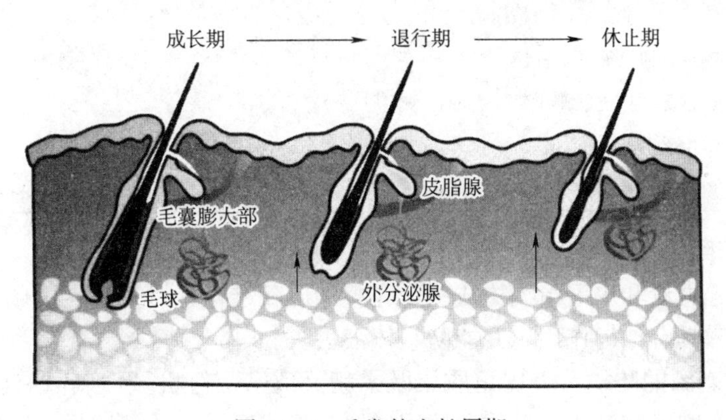

图 1-1-3 毛发的生长周期

2. 毛囊 毛囊为包围在毛根周围的鞘状结构，由内、外两层毛囊鞘构成，外层毛囊鞘由结缔组织组成，与真皮相连，内层毛囊鞘由上皮细胞组成，与表皮相连。

毛囊根据其生长周期可分为漏斗部、峡部、毛囊下部三部分。皮脂腺和顶泌汗腺导管常开口于毛囊漏斗部，立毛肌常附着于毛囊峡部；毛囊下部分为球部和茎部，球部的中央为毛乳头，分布有神经、血管和淋巴管，是毛发的生长部位，也是毛发的营养来源。

毛囊根据其结构特点分为简单毛囊和复合毛囊。马、牛、人的毛囊属于简单毛囊，每个毛囊孔有一根毛发，以及竖毛肌、汗腺、皮脂腺等结构，称为毛囊单位；犬、猫、绵羊的毛囊属于复合毛囊，每个毛囊孔由1根初级毛发和3～5根次级毛发组成，伴有竖毛肌、汗腺、皮脂腺等结构。

（四）指（趾）甲

动物的指（趾）甲是保护自己、攻击外来侵袭、攀爬树枝、猎取食物的有力武器。指（趾）甲相当于皮肤的角质层，由角质蛋白组成，角质形成细胞紧密地排列在一起，层层叠叠形成了状如薄板的甲板。指（趾）甲由甲体、甲床、甲廓、甲根组成。甲体是长在指（趾）末节背面的外露部分，为坚硬透明的长方形角质板，由多层连接牢固的角质形成细胞组成；甲体下面的组织称甲床，由非角质化的复层扁平上皮和真皮组成；覆盖甲板周围的皮肤称甲廓；甲体的近端埋在皮肤所形成的凹陷内，称甲根。指（趾）甲的生长速度受品种、年龄、营养、温度、湿度等因素的影响。

与人的皮肤相比，犬、猫的皮肤在酸碱度、厚度、表皮更新、汗腺分布、毛发生长规律等方面有明显不同。

三、皮肤的生理功能

皮肤是机体的重要器官，在维持动物体内平衡中具有很重要的作用（表1-1-1）。另外，皮肤通过黏膜或皮肤黏膜交界与耳朵、眼睛、嘴巴、尿道、肛门等器官连在一起，从而实现与其他器官的协调统一，发挥更重要的功能。

表1-1-1 与体内平衡有关的皮肤功能

功 能	作用范围
屏障	控制水分电解质等的排泄；防御化学、物理、微生物的危害
感觉	热、冷、痛、痒、机械压力
调节温度	隔热，血液循环，汗液
排泄和分泌	通过腺体经皮肤排出气体、液体和溶质
合成	维生素D
免疫功能	免疫监测和调控

（一）保护作用

皮肤由表皮、真皮和皮下组织构成一个完整的屏障结构，对于外界机械性、物理性、化学性及生物性刺激具有保护作用，并能防止体液丢失。

1. 对机械性刺激的防护 表皮角质层既柔韧又致密，对机械性刺激有防护作用。如犬的肘部和跖部经常摩擦和受压，导致角质层增厚或形成胼胝，从而增强对机械性刺激的耐受性；真皮中的胶原纤维和弹性纤维使皮肤具有较强的伸展性和弹性；皮下脂肪具有的缓冲作用，可减轻外界冲击对动物机体的损害。

2. 对物理性损伤的防护　角质层既能防止皮肤水分过度蒸发，又能阻止外界水分渗入皮肤。如黑色素细胞产生的黑色素颗粒有反射和遮蔽光线的作用，以减轻光线对细胞的损伤。

3. 对化学性刺激的防护　皮肤的角质层细胞排列紧密，是防止化学物质进入体内的主要屏障；但这种屏障作用是相对的，如外用药物接触时间较长或用量较大，可导致皮肤过多吸收，甚至引起中毒。

4. 对微生物的防御作用　皮肤对微生物的侵害有多种防御功能，致密的角质层可机械性地阻挡微生物的侵入。健康皮肤的皮脂腺产生的皮脂能抑制多种病原菌的生长繁殖等。

（二）感觉作用

皮肤是机体与外界接触的最大感觉面，含有各种神经末梢和感受器，能将外界环境和各种刺激的变化，通过相应的感觉神经传入大脑后产生不同性质的感觉。另外，皮肤与其他感觉器官配合，使动物机体能感受外界的多种变化，以避免物理、化学及机械性等损伤。

瘙痒是皮肤、黏膜的一种不舒服的感觉，常伴有搔抓反应，引起动物出现抓、挠、啃、咬、蹭和舔舐病变区域。瘙痒的机制目前尚不明确，可能与皮肤机械性刺激、炎症反应及变态反应等有关。

（三）调节体温

皮肤对维持正常体温起着重要的调节作用。当外界气温较高时，皮肤及内脏的温度感受器兴奋，通过丘脑下部体温调节中枢，使毛细血管扩张，血流量增多，热能散发加速；反之，当外界气温降低时，皮肤血管收缩，血流量下降，热能散发减少，以防止体温过度降低。

（四）分泌和排泄

皮肤的分泌和排泄功能主要是由汗腺和皮脂腺完成的。犬的毛上汗腺发达，其分泌的脂质和抗菌成分能抑制皮肤细菌的过度增殖。皮脂腺的分泌和排泄作用受内分泌系统控制，如雌激素可使皮脂腺的分泌减少，雄激素及大量、长期应用肾上腺皮质激素，可促进皮脂腺增生及分泌增加等。

（五）免疫作用

皮肤不仅仅是一层简单的屏障，而且是一个重要的免疫器官。皮肤组织内有多种免疫相关细胞，包括朗汉斯细胞、内皮细胞和角质形成细胞等。其中朗汉斯细胞是皮肤内重要的抗原递呈细胞，在启动免疫应答中起重要作用。内皮细胞表面所表达的多种黏附因子，可作为淋巴细胞的受体，在炎症性皮肤病时起着重要的“卫士”作用。角质形成细胞可产生多种细胞因子，在免疫应答过程中发挥重要作用。因此，皮肤可被看做是一个具有独特免疫功能的组织。

任务实施 >>>>>>>>>>>>>>>>>>>>>>>>>>>>>>>>>>>

皮肤结构的观察

1. 材料准备　皮肤模型（教具）、显微镜、实验犬、解剖刀、解剖剪、新洁尔灭消毒液。

2. 操作过程

（1）认识皮肤模型（教具），学会拆装皮肤模型，并在拆装过程中分别指出皮肤的主要解剖结构，区分表皮、真皮和皮下组织，并说出皮肤基底层、棘层、颗粒层、角质层的功能。

（2）犬皮肤的观察。

①皮肤表面可观察到的皮肤结构及附属器官：毛发、指（趾）甲。

②显微镜下皮肤切片的观察：使用皮肤切片在显微镜下观察皮肤的结构，先低倍镜观察，再高倍镜观察并指出皮肤的皮脂腺、汗腺、立毛肌、毛囊结构。

（3）根据表1-1-2介绍的内容，先分组讨论犬和人皮肤之间的差异，再由教师分析讲解，为进行以后的学习奠定基础。

表1-1-2　人与犬皮肤差异

分　类	人	犬
皮肤酸碱度	pH 5.5～7.0	pH 7.0～7.5
表皮层厚度	50～100 μm	20～30 μm
表皮层数	30～50层	15～20层
表皮更新速度	28 d	21 d
外分泌汗腺	全身	足垫和鼻镜
顶泌汗腺	腋窝、会阴部	全身
毛发生长规律	生长周期长（2～6年）	生长周期短（3～6个月）

任务反思

1. 皮肤的基本结构是什么？
2. 皮肤有哪些生理功能？
3. 皮肤的附属器官包括哪些？各有什么作用？
4. 犬的皮肤与人的皮肤有哪些不同？

任务二　皮肤的损害

扫码看彩图

任务目标

能辨别皮肤常见的局部损害，掌握皮肤的原发性损害和继发性损害的特点；能根据不同类型的皮肤损害进行皮肤病的鉴别诊断。

任务准备

皮肤的损害又称皮肤的病灶，是指在皮肤或黏膜上可以看到或摸到的异常表现，也即皮肤上出现的病变，根据其出现的早晚和对机体的影响可分为原发性损害和继发性损害。许多内脏损伤和全身性疾病也可出现皮肤的损害。

皮肤损害常常是诊断皮肤疾病的重要依据。

一、原发性损害

皮肤原发性损害是各种致病因素造成的皮肤原发性缺损，是皮肤病理变化直接产生的结果。常见皮肤原发性损害包括斑、丘疹、结节、脓疱、囊肿、风疹、水疱、斑块、毛囊管型、痣等。

（一）斑

斑是指各种致病因素引起的皮肤局限性颜色改变，损害与周围皮肤平行，大小不一，形状各异。直径小于 2 cm 的称为斑点；直径大于 2 cm 的称为斑，多由斑点扩大或融合而成（图 1-2-1）。多见于色素过度沉着引起的色素斑，皮肤褪色引起的白斑，局部血管扩张引起的红斑等。

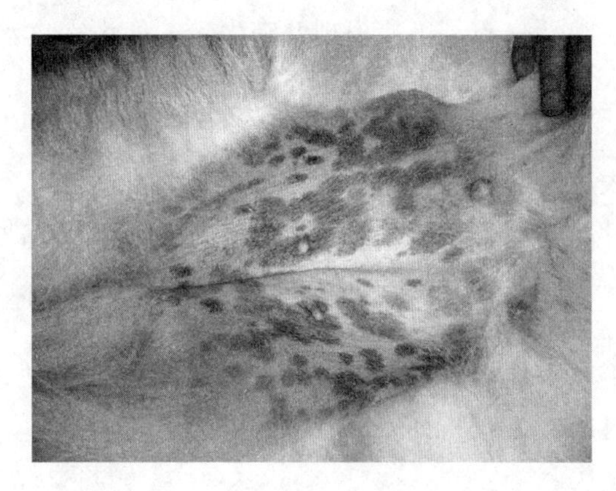

图 1-2-1　皮肤的损害（斑）

（二）丘疹

丘疹是突出于皮肤表面的局限性隆起，其病变多位于表皮或真皮浅层，针尖大至扁豆大小，直径小于 1 cm，形状各异，丘疹的表面可呈扁平、圆形、乳头状（图 1-2-2）。一般由炎性细胞渗出物，组织细胞代谢性沉积物如脂质、钙质、淀粉样物在真皮内蓄积引起。多见于昆虫叮咬、接触性皮炎、浅表性毛囊炎、猫粟粒状皮炎等。

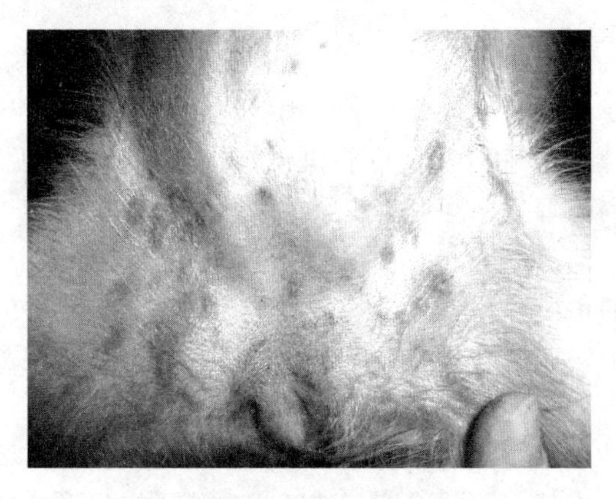

图 1-2-2　皮肤的损害（丘疹）

（三）结节

结节为局限性、实质性、深在性、圆形或类圆形损害，病变常深达真皮或皮下组织，触诊坚实，稍高出皮肤表面。直径超过 2 cm 的结节称肿块。一般由真皮或皮下组织炎性浸润、代谢产物沉积、肿瘤组织增生等引起。多见于皮肤肉芽肿性增生和肿瘤疾病等。

（四）脓疱

脓疱是突出于皮肤表面，内含脓液的局限性隆起。脓疱多呈圆形，大小不一，疱壁的厚薄与其发生的位置有关。脓疱可分为毛囊脓疱和非毛囊脓疱，一般由炎性细胞沉积于表皮角质层内引起。多见于浅表性毛囊炎、痤疮、落叶型天疱疮、角质层下脓疱性皮肤病等。

（五）囊肿

囊肿为含有液体或黏稠分泌物的局限性囊样损害。一般位于真皮或皮下组织，常呈圆形或椭圆形，触诊有弹性。

（六）风疹

风疹为界限清晰的水肿性隆起，迅速出现并消失。一般由表皮水肿引起。如荨麻疹、皮内试验引起的风疹等。

（七）水疱

水疱为界限清晰的表皮隆起，内容物为清澈液体。直径大于 1 cm 的水疱称为大疱。一般由细胞内或细胞间水肿，表皮、真皮分离引起。多见于过敏、落叶型天疱疮、红斑狼疮、烧伤、血管炎等。

（八）斑块

斑块为表皮隆起的平整病灶，质硬。多由真皮内炎性细胞或肿瘤细胞浸润引起。常见于猫嗜酸性斑块、亲上皮淋巴瘤、皮肤钙质沉着等。

（九）毛囊管型

毛囊管型是在近毛根处或毛囊漏斗部的毛发周围被大量的鳞屑、皮脂、汗液等形成的毛囊栓包裹。多见于皮脂腺炎、全身性蠕形螨、细菌性毛囊炎等病。毛发管型与毛囊管型不同，毛发管型主要是在毛干周围包裹有大量分泌物或渗出物，肉眼可见。多见于脂溢性皮炎。

（十）痣

由于皮肤结构异常发育导致的边界清晰的先天性病灶，称为痣。

二、继发性损害

继发性损害是皮肤受到原发性致病因素作用引起皮肤损害后，导致的其他皮肤损害，多由原发性损害转变而来，或由于治疗及皮肤机械性损伤引起。常见皮肤继发性损害包括鳞屑、结痂、糜烂、溃疡、苔藓化、瘢痕、皮肤色素改变、黑头粉刺、角化异常、开裂等。

（一）鳞屑

鳞屑是表皮层脱落的角质碎片。多量鳞屑蓄积是表皮角化异常的表现。鳞屑常发生于许多急慢性皮肤炎症过程中。如干性脂溢性皮炎、疥螨、姬螯螨、跳蚤过敏症和全身性蠕形螨感染等。

（二）结痂

结痂是指皮肤损伤后或其表面的浆液、脓液或血液干燥后形成的块状物，常含有角质细胞、血液、脓液、脂质、细菌或真菌等。痂可薄可厚，柔软，且常黏附于皮肤表面，病变部常出现外伤。常见于浅表脓皮症、天疱疮、红斑狼疮、犬小孢子菌感染等。

（三）糜烂

糜烂是皮肤浅层组织破坏所致的皮肤缺损，如当皮肤水疱和脓疱破裂时，或由于摩擦和啃咬导致丘疹、结节的表皮破溃而形成的创面。当糜烂未波及真皮或深层组织时愈合后通常无瘢痕。常见于皮肤外伤、红斑狼疮等病。

（四）溃疡

溃疡为皮肤或黏膜深层的局限性缺损（图1-2-3），大小不一，溃病面黏附有浆液、脓液或血液等。皮肤溃疡常提示严重的病理过程和愈合过程，且多伴有瘢痕的形成。常见于皮肤深层外伤、肛周瘘等病。

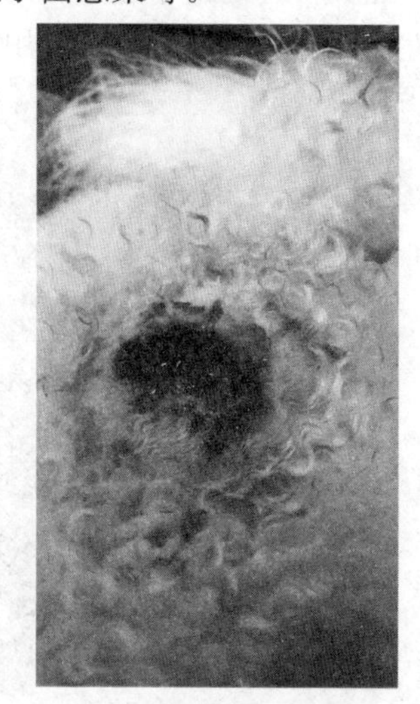

图1-2-3　皮肤的损害（溃疡）

（五）苔藓化

又称苔藓样变，是指由于角质细胞增殖或角质层增厚所致的局限性皮肤增厚的皮肤损害，常伴有夸张的皮肤纹理和严重的色素沉着。动物因为瘙痒，常出现搔抓、磨蹭、啃咬、舔舐皮肤，使皮肤增厚变硬，病变部位呈高色素化，呈蓝灰色（图1-2-4）。常见于长期慢性异位性皮炎和甲状腺功能减退等病。

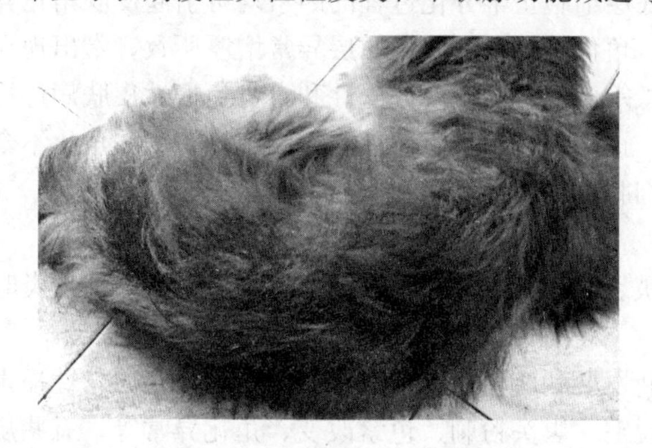

图1-2-4　皮肤色素改变、苔藓化

（六）瘢痕

瘢痕是指真皮或真皮下组织缺损或破坏后，由新生结缔组织增生代替而形成的皮肤病变。瘢痕表面平滑，无正常表皮组织，缺乏毛囊、皮脂腺等附属器官。常见于深层脓皮症、烧伤、严重外伤等。

（七）色素改变

色素改变以黑色素变化为主，包括色素消褪和色素沉着两种类型。色素消褪多因色素细胞被破坏，致使色素产生减少或停止，常发生于皮肤慢性炎症过程中，如白皮病、红斑狼疮等。色素沉着是黑色素在表皮或真皮过量产生而形成的（图1-2-5），常伴随慢性炎症过程或肿瘤的形成而出现，如异位性皮炎、甲状腺功能减退等。

（八）黑头粉刺

黑头粉刺是由于过多的角蛋白、细胞碎屑、皮脂样物堆集在毛囊漏斗部所致。常发生于慢性炎症性疾病过程中。如甲状腺功能减退、脂溢性皮炎、性激素性皮肤病等。

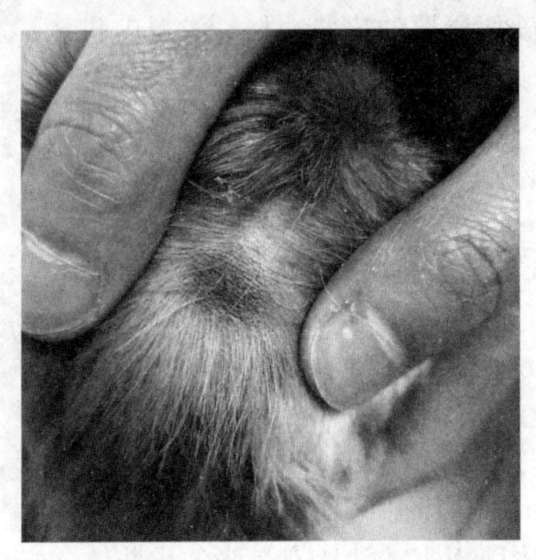

图 1-2-5　皮肤色素沉着

（九）角化异常

凡能影响皮肤基底层细胞正常分化过程的因素均可引起皮肤角化异常。角化异常可分为角化过度和角化不全。角化过度是皮肤角质层异常增厚所致，常出现在压力点皮肤和经常受到摩擦的部位，如胼胝等；也常见于内分泌性和自身免疫性皮肤病过程中，如甲状腺功能减退、落叶型天疱疮等。正常发育的角质层细胞无细胞核，皮肤角化不全时可见角质层细胞中含有浓缩的未消失的细胞核，称为角化不全或不全角化。

（十）开裂

开裂又称裂隙、皲裂，是表皮上的线性分裂。常见于钩虫性皮炎时的足垫皲裂和犬瘟热引起的鼻镜皲裂等。

皮肤的损害是不断发展和变化的。有些皮肤损害可以是原发性损害，也可以是继发性损害，如鳞屑、结痂、脱毛、黑头粉刺、色素改变、角化异常等。有些皮肤损害在疾病的不同阶段也会不同。例如浅表性脓皮症过程中形成的脓疱，是原发性损害，当脓疱破裂后其内的渗出物干燥形成结痂，就转变为继发性损害。认识和理解皮肤损害的不断发展变化，对于正确、客观的诊断和治疗皮肤疾病非常重要。

任务实施

皮肤损害的观察

1. 材料准备　皮肤模型（教具）、皮肤损害挂图或不同皮肤损害图片。

2. 操作过程

（1）先由教师讲解不同皮肤损害发生的原因和病变特征，学生根据图片识别不同的皮肤损害。

（2）根据图片展示，说出哪些是原发性损害，哪些是继发性损害。

（3）根据表 1-2-1 介绍的内容，先分组讨论各种皮肤损害的发展变化，再由教师分析讲解，为进行以后的学习奠定基础。

表 1-2-1　皮肤损害的分类

原发性损害	继发性损害	原发/继发性损害
斑点/斑块	表皮小环	鳞屑
丘疹	瘢痕	结痂
脓疱	溃疡	脱毛
水疱/大疱	糜烂	毛囊管型
结节	苔藓化	黑头粉刺
囊肿	胼胝	色素改变
风疹	开裂	角化异常

任务反思 >>>

1. 什么是皮肤的原发性损害，原发性损害包括哪些内容？
2. 什么是皮肤的继发性损害，继发性损害包括哪些内容？
3. 怎样根据不同的皮肤损害鉴别诊断皮肤疾病？

任务三　皮肤病检查技术

扫码看彩图

任务目标 >>>

能辨别皮肤和被毛常见临床症状，掌握常见的皮肤病诊断方法，能根据不同的皮肤疾病选择合理的皮肤病诊断方法。

任务准备 >>>

皮肤检查是皮肤病诊断的基础，详细的病史调查有助于准确诊断皮肤疾病。通常在做出皮肤病诊断之前，需要从原始直接的病变处得到一些有价值的信息，确定思路后再做进一步检查和诊断。具体包括：完整的病史调查表、详细的问诊记录、动物的基本信息和治疗史等。

一、皮肤病史调查

（一）一般病史

病史调查是诊断皮肤疾病的关键环节，通过有效的询问方式，以便获得更多有价值的信息。如动物的来源、品种、性别、年龄、饲养方式、饮食状况、生殖情况、行为变化等。具体调查内容包括：

（1）获得宠物时，宠物的年龄及来源（繁殖场、宠物店）。

（2）过去及当前的饲养地（旅行、犬舍、猫舍）。

（3）饲养方式及环境（室内、室内外、花园）及有无其他宠物接触史。

（4）饮食状况（当前及过去）。

（5）繁殖情况（发情频率、妊娠、绝育、雄性行为）。

（6）之前有无患病及手术。

（7）之前是否有不相关的皮肤病病史。

（8）当前的非皮肤性问题。

（9）行为变化。

（二）皮肤病病史

皮肤病病史包括皮肤病初期动物的表现，瘙痒和脱毛的严重程度，皮肤病灶的发展及用药情况，饮食及驱虫情况等。具体调查内容包括：

（1）发病时间、发病年龄。

（2）最初发现的表现。

（3）发病部位。

（4）瘙痒或脱毛的程度。

（5）瘙痒和病灶出现的顺序。

（6）病症的发展情况。

（7）发病与季节的关系。

（8）动物的生活方式。

（9）有无体表寄生虫。

（10）有无其他与之接触的动物或人被传染。

（11）进行过的治疗及疗效。

二、一般检查技术

（一）体表检查

通过体表检查确定病变部位，病灶的大小，形状，集中或散在，单侧或对称，平滑或粗糙，湿润或干燥，硬或软，弹性大小，局部的颜色等。观察动物的被毛是否逆立，有无光泽，是否脱毛，脱毛是否是对称性的，局部皮肤的弹性、伸展性、厚度及有无色素沉着等表现。

（二）被毛和皮肤检查

1. 被毛状态与脱毛　健康犬、猫被毛平顺，富有光泽，不易脱落。长期患病或营养不良时，往往被毛粗乱无光或外观不洁。除季节性换毛外，全身性脱毛和局部脱毛多为皮肤疾病表现。

2. 皮肤温度与湿度　健康犬、猫的鼻端一般凉而湿润，但睡眠时鼻端干燥。皮温升高常见于全身皮肤炎症。皮肤湿度增加多因人为因素或动物反复舔舐皮肤引起，多伴有患病部位疼痛或瘙痒，应加以重视。

3. 皮肤肿胀

（1）水肿。由于水代谢障碍而引起的多量液体蓄积于皮肤组织所致。皮下水肿也称浮肿，触诊呈捏粉样，指压留痕，常见于心脏、肝、肾等全身性疾病。

（2）气肿。指含气器官破裂后，气体沿纵隔及食道周围进入皮下组织，或气体由伤口进入，也可由局部组织腐败产气引起。前者缺乏炎症变化，无机能障碍表现；后两者常见于恶性水肿、气肿疽。触诊呈捻发音，边缘轮廓不清。

（3）血肿。指血管破裂，溢出的血液进入周围组织，形成充满血液的腔洞。最初的肿胀有明显的波动感且有弹性，以后则坚实，并有捻发音，常伴有局部皮温升高。

（4）脓肿。指局部组织感染化脓，脓汁蓄积肿胀。初期局部发热、疼痛，触诊坚实，以后脓肿成熟，触诊有明显的波动感。

（5）炎性肿胀。常伴有红、肿、热、痛等局部表现。犬、猫皮肤炎性肿胀时常与外伤有关。

（三）耳

1. 耳炎　外观可见耳道内发红，动物表现为敏感、烦躁，常甩头或搔抓耳部。耳道内常有大量油性或脓性分泌物，严重者有渗血。

2. 耳螨　患病时耳道内常有大量黑褐色或咖啡色干性结痂。多见于猫。

3. 耳道增生　多与品种有关，常见于斗牛犬、巴哥犬、可卡犬、松狮犬等品种。严重的耳道增生常引发严重的耳炎甚至脑炎。

（四）体表寄生虫

1. 螨虫　包括疥螨、蠕形螨、耳痒螨等。其典型症状为不同程度的瘙痒和脱毛。

2. 虱　可引起脱毛，继发鳞屑、丘疹、水疱等症状，长期可造成犬、猫严重营养不良和贫血。虱虫感染常发生于冬春季等寒冷季节。

3. 蚤　多发于颈背部或尾根等潮湿部位，有时可见到大量黑褐色蚤粪等排泄物。由于跳蚤在体表移动速度较快，通常不易被发现，跳蚤叮咬可引起严重的瘙痒等过敏反应。跳蚤感染常发生于夏秋季等温暖季节。

4. 其他　有些体表寄生虫临床不多见，如蜱、蚊、蝇、蝇蛆等。

三、实验室检查技术

（一）拔毛检查

拔毛检查是实验室检查中较常用的皮肤病检查方法之一（图 1-3-1）。通过拔毛检查可判断是否存在瘙痒表现、真菌感染、色素异常和评估毛发的生长阶段等。动物的被毛有其生长周期性，可分为生长期、中间期及休止期三个阶段，体表各部位的被毛在同一时间不是处于相同的生长阶段，而是各阶段的毛发有适当的比例。遗传因素、日照时间、健康状况、营养及内分泌等因素都会影响毛发的质量、色素、弹性及生长速度。

图 1-3-1　拔毛检查

毛尖检查通常用于判断犬、猫是否存在瘙痒，是否为非创伤性脱毛。瘙痒犬、猫会出现毛尖断裂，毛尖出现锯齿样外观。

毛干检查通常用于鉴定皮肤癣菌和色素异常。毛发感染癣菌时，毛干皮质肿胀断裂，断端表现为“扫帚样”外观，毛干被癣菌分解呈“朽木”样外观。此外，还可鉴定毛干是否存在色素异常聚集等。

毛根检查可判断毛发的生长阶段，以评估毛发的生长周期。生长期毛根大而圆，色素含量高，可见在毛干上附着有毛囊鞘，因拔毛时毛根非角质形成细胞受到牵拉而发生扭曲，外观似“燃烧后的火柴棒”。休止期毛根细而尖，不含色素或色素含量少，毛囊鞘较少且附着于毛干基部，因毛根完全角化，在拔毛时不会因牵拉而变形，外观似“蘸墨的毛笔头”。

健康犬、猫的大部分毛发属于中间期毛发，少部分毛发处于生长期；而对于某些品种如贵宾犬、比熊犬，生长期毛发较多，而休止期毛发较少。

【操作方法】

（1）在盖玻片上滴 1 滴矿物油。

（2）用止血钳选取病变或病健结合部的皮肤，从毛发基部夹持毛发，顺着毛发生长方向拔取少量毛发样本，直接浸在矿物油内，加盖盖玻片。

（3）置于 10 倍物镜观察整个毛发样本，有时需要调低聚光器以提高对比度。

【注意事项】

（1）止血钳前端套上止血胶管作为拔毛工具，以免造成毛发损伤。

（2）拔毛时应顺着毛发生长方向约 45°，以中等力度拔取以确保将毛根拔出来。

（3）每次检查拔取 10～15 根毛发。

（二）皮肤搔刮检查

皮肤搔刮检查操作简单快速，费用低廉，是目前皮肤病检查最基本的检查项目。皮肤搔刮检查常用于诊断蠕形螨、疥螨、耳痒螨或其他寄生虫性皮肤病，对任何有鳞屑或痂皮的病变区域都应进行皮肤搔刮检查（图 1-3-2）。

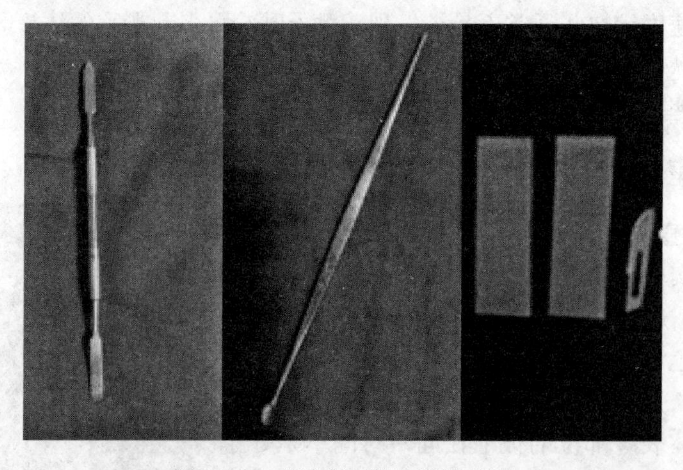

图 1-3-2　皮肤搔刮检查常用工具

【操作方法】

（1）挤压待搔刮的病变部位，挤出少量的皮脂腺分泌物，或滴 1～2 滴甘油于搔刮部位。

（2）手持钝刃刀片，垂直于皮肤，沿着毛发生长方向，以中等压力搔刮皮肤；如果搔刮部位毛发过长，可以剃掉一小块毛发，以便能刮到皮肤。

（3）将刮取物置于载玻片上，滴1滴矿物油或10%氢氧化钾溶液，盖上盖玻片。

（4）以低倍物镜检查，有异常时选择高倍镜检查。

（5）搔刮部位涂抹抗生素软膏以防继发感染。

【注意事项】

（1）搔刮部位应选择新的病变部位或病健结合部，避开糜烂的病变皮肤。

（2）尽可能多选择几个采样部位，当怀疑蠕形螨感染时应深刮至轻微出血或渗血，以提高检出率。

（3）避免重复使用手术刀片，以减少疾病传染的风险。

（4）毛发较长时应剪短待检部位的毛发，尽量不用电推剪剃毛。

（三）胶带粘贴检查

胶带粘贴检查适用于螨虫、真菌、虱的虫体及虫卵的检查。尤其是表现为鳞屑、结痂、脓疱、糜烂或苔藓化等病变时用胶带粘贴法，多数情况下可检出炎症性细胞、细菌、螨虫、真菌等。

【操作方法】

（1）轻轻挤压病变部位的皮肤。

（2）用醋酸透明胶带黏性面朝下反复按压病变皮肤，必要时可按压多个病变部位。

（3）将胶带用迪夫染色液或瑞姬氏染色液染色处理，但不要用酒精固定。

（4）把胶带黏性面朝上按压在载玻片上，用吸水纸轻压玻片，挤出多余染液。

（5）盖上盖玻片，于低倍物镜下观察，必要时可在高倍镜（油镜）下观察。

【注意事项】

（1）胶带可用单面或双面黏性胶带，当怀疑皮肤螨虫感染时，可用双面黏性胶带；当怀疑真菌和细菌感染时可用单面黏性胶带。

（2）用另一载玻片刮平胶带，以便使染色液分布均匀。

（3）可将胶带粘贴于玻片一端进行浸染，然后将胶带反贴在玻片上镜检。

（四）伍德灯检查

伍德灯又称伍氏灯或过滤紫外线灯，它是用253.7 nm波长的紫外线灯照射动物皮肤或毛发，以初步筛查皮肤癣菌病的一种检查方法。此种紫外线能让有些犬小孢子菌的代谢产物——色氨酸发出亮苹果绿的荧光，可辅助诊断犬小孢子菌感染。

【操作方法】

（1）打开伍德灯预热5～10 min，以便使其产生稳定波长的紫外线。

（2）暗室中照射动物全身，寻找异常的荧光反应，必要时同一部位照射3～5 min，或拔毛照射毛干或毛根部。

（3）拔取有荧光反应的毛发进行显微镜检查或进行真菌培养。

【注意事项】

（1）临床上仅30%～50%的犬小孢子菌会产生荧光反应，且此方法不能判断须毛癣菌和石膏样小孢子菌。

（2）皮肤上的鳞屑、药物和灰尘也可产生荧光反应而使结果出现假阳性。

（3）鉴定真菌的来源应做真菌培养。

（五）细菌培养

细菌培养是皮肤病实验室诊断的重要部分，任何皮肤深部炎症性病变、窦道、反复发作性皮肤病或使用抗生素后仍存在细菌感染的皮肤病，都应进行细菌培养。同时，细菌培养可为细菌鉴定和药物敏感性试验提供重要依据。

【操作方法】

（1）选取典型的皮肤病灶或脓疱。

（2）用无菌棉签直接擦拭病灶部位或通过针刺从病灶内收集样本，置于封套培养基。

（3）填写患犬、猫资料，送检或进行细菌鉴定，并做药物敏感性试验。

（4）将待检棉棒置于 5 mL 灭菌生理盐水中搅拌，取出棉签，在超净工作台下划线接种于相应的细菌培养基。

（5）置入数种不同的抗生素药敏试剂片，培养基置于恒温箱 37℃或室温培养，24 h 后判读抑菌环的大小。

【注意事项】

（1）培养深部皮肤组织，最好用无菌活检法采集皮肤样本。

（2）过多的鳞屑可能影响培养结果，可用灭菌生理盐水反复冲洗，避免使用消毒液。

（3）冷藏保存，避免冷冻样本，以免降低培养的准确性。

（六）真菌培养

真菌培养可用于分离和鉴定皮肤癣菌。皮肤癣菌培养基（DTM）含有细菌抑制剂和癣菌指示剂。癣菌（小孢子菌）培养过程中首先分解培养基中的蛋白质，产生碱性物质，中和培养基中的酸性成分，使癣菌指示剂变红；而杂菌首先分解培养基中的糖类，然后再分解利用蛋白质，最后才使癣菌指示剂变红。根据这一特点进行皮肤癣菌的分离与鉴定。

【操作方法】

（1）选取典型的采样部位，用酒精消毒止血钳和手术刀片。

（2）用止血钳拔取有荧光反应的毛发，接种于真菌培养基上；也可用无菌牙刷按毛发生长方向刷取病变区域的被毛，然后轻轻按压在真菌培养基上。

（3）置于 25～37℃恒温培养箱中培养 2～3 周或室温培养，每天检查是否有菌丝和大分生孢子出现；也可用 DTM 培养基进行培养，每天观察培养基的颜色变化和菌落的生长情况。

（4）选取可疑菌落，用胶带粘取或用无菌环将菌落置于载玻片上固定，染色镜检，进行真菌鉴定。

【真菌鉴定】

（1）为保证鉴定的准确性，可对菌丝、大分生孢子、小分节孢子分别进行检查。

（2）犬小孢子菌、石膏样小孢子菌和须毛癣菌是犬较常见的皮肤真菌，犬小孢子菌也可从猫皮肤上分离到。

（3）不能鉴定的菌落应送检，交由专门的实验室进行鉴定。

【注意事项】

（1）培养过程中培养皿应密封，避免脱水干燥及环境污染；若使用瓶装培养基时，瓶盖不可拧紧。

（2）使用 DTM 培养基时，只要培养时间足够长，都可使指示剂变红色。

(3) 不能鉴定的菌落应保存送检。

（七）活组织检查

皮肤活组织检查是极具挑战性的，要提高活检的准确性，选择合适的病变部位、良好的组织处理和专业的皮肤病病理医师等都是不可或缺的。同时由于患犬、猫有时需要全身麻醉，在皮肤上钻取多块皮瓣等原因，是较难说服宠物主人配合的一种检查方法。

皮肤活组织检查适用于诊断慢性、难治性、复发性、疑似自身免疫性疾病，皮肤肿瘤或临床上其他检查方法未能检出病因的皮肤疾病。

皮肤活组织检查有时虽然未能检出确切病因，但通过皮肤组织病理检查可获得较详细的病理资料供诊断和治疗参考。

【操作方法】

皮肤活组织取样可分为钻孔法和切除法两种，一般大多以钻孔器取样。切除法多在外科手术时将病变部位及周边正常组织一起做椭圆形切除，适用于较大面积的皮肤取样。钻孔法操作方法如下：

(1) 剪短取样部位的被毛。

(2) 皮下注射局部麻醉药，如利多卡因、普鲁卡因等。若病灶部位较深或患犬、猫较难保定时可进行全身麻醉。

(3) 用直径 4～6 mm 的一次性皮肤钻孔器（图 1-3-3），向同一方向旋转并适度向下按压，直到打孔器穿透全层皮肤。

(4) 提起钻孔器，用镊子夹住深层脂肪组织，剪断皮下脂肪组织完成采样。

(5) 将样本置于纱布或压舌板上 3～5 min 吸干血液。

(6) 将样本置于 10%的福尔马林溶液中，填写病历资料并送检，做病理组织学诊断。

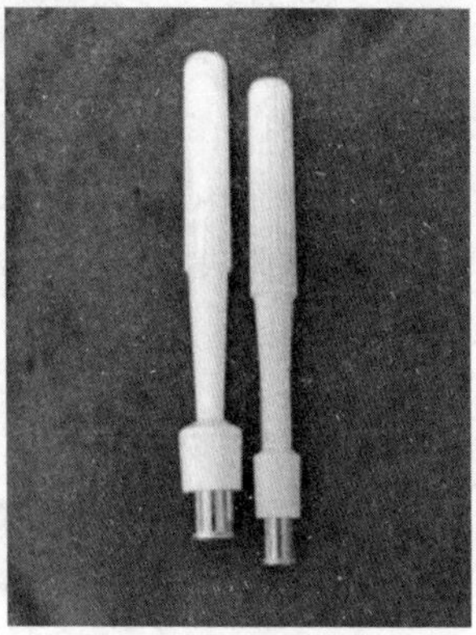

图 1-3-3　一次性皮肤取样器

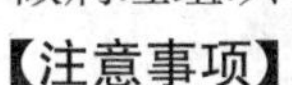

【注意事项】

(1) 患病犬、猫采样前 3～5 d 切勿洗澡剃毛。

(2) 旋转钻孔器时必须保持同一方向，以免组织扭曲影响诊断。

(3) 如无特殊要求，只需采取皮肤病变部组织，特别是原发性病变，不应包括正常部位；但若是怀疑与被毛生长有关的皮肤疾病，如剃毛后秃毛症，则可选取正常的皮肤组织作为对照。

(4) 选取原发性、不同阶段的病变皮肤，避免采取继发性或溃疡性的病变，尤其是疑似搔抓的病变。

(5) 若是做直接荧光免疫检查或免疫组织化学检查时应选取外形完整、新的原发性病变部位。

任务实施 >>>>>>>>>>>>>>>>>>>>>>>>>>>>>>>>>>

实验室检查方法的操作

1. 材料准备　实验犬（猫）、显微镜、恒温培养箱、伍德灯、止血钳、透明胶带、一次性皮肤取样器、手术刀片、解剖剪、手术缝合器械。

2. 操作过程

（1）先由教师讲解皮肤实验室检查所用仪器、设备的使用方法，向学生演示拔毛检查、皮肤搔刮检查、胶带粘贴检查、伍德灯检查、细菌培养、真菌培养、活组织检查的操作方法，再由学生分组练习掌握。

（2）显微镜观察。进行皮肤取样，然后于显微镜下进行观察：①毛发形态学观察；②皮肤细胞学观察；③皮肤细菌、真菌、外寄生虫的观察。

（3）根据表 1-3-1 介绍的内容，先分组讨论各种皮肤实验室检查方法，再由教师分析讲解，为进行以后的学习奠定基础。

表 1-3-1　皮肤病常用检查方法及范围

检查方法	应用范围
拔毛检查	真菌，外寄生虫，毛发形态学
皮肤刮片	细菌，真菌，外寄生虫，皮肤细胞学
胶带粘贴	细菌，真菌，外寄生虫，毛发形态学
伍德灯	真菌
细菌培养	菌种鉴定，药敏试验
真菌培养	菌种鉴定
活组织检查	慢性、难治性、复发性、自身免疫性疾病，肿瘤或其他方法无法检出的皮肤病
血液检查	过敏原筛查，激素测试，生化分析，血液细胞学

任务反思

1. 怎样进行皮肤病病史调查？
2. 皮肤的实验室检查包括哪些内容？
3. 伍德灯检查的注意事项是什么？

项目二 小动物皮肤病诊疗技术

扫码看彩图

任务一 细菌性皮肤病

任务目标

能辨别细菌性皮肤病常见的临床症状，学会细菌性皮肤病实验室诊断方法，能对不同类型的细菌性皮肤病进行合理的药物治疗。

任务准备

细菌概述

在健康犬、猫的皮肤上，存在一定数量的微生物，以细菌居多，这些细菌多数对机体有益，又称为正常菌群；依据其在皮肤和毛发上的增殖情况，又将正常菌群分为常驻菌群和暂驻菌群。这些菌群在犬、猫出生 30 d 左右就已存在，并相互制约，相互依存，同时与皮肤之间始终保持一种动态的平衡关系，构成机体防御系统的一部分。

大量研究表明，犬正常皮肤表面定居的主要细菌有：微球菌、凝固酶阴性葡萄球菌、金黄色葡萄球菌、α-溶血性链球菌、不动杆菌、产气荚膜梭菌、中间型葡萄球菌。

通常认为引起动物皮肤感染的主要是三种致病性葡萄球菌：金黄色葡萄球菌、中间型葡萄球菌和猪葡萄球菌。中间型葡萄球菌又可分为两类：中间型葡萄球菌和假中间型葡萄球菌。中间型葡萄球菌常见于野生鸽子，假中间型葡萄球菌主要感染犬和猫，也见于人感染的报道。

假中间型葡萄球菌被认为是定居在大多数犬、猫的皮肤和黏膜上的最常见的病原微生物。

正常情况下，机体的屏障功能和免疫系统可控制这些病原微生物过度增殖，同时，皮肤上细菌的多样性也会抑制病原性细菌的增殖，使动物机体、皮肤和细菌之间保持动态的平衡状态。一旦这种平衡状态被打破，或者任何内部或外部因素的改变，如皮肤 pH、温度、湿度、营养的改变，均会打破正常菌群的平衡关系，导致病原性细菌过度增殖，从而引发细菌性皮肤疾病。

常见的诱发因素包括：全身营养障碍，压迫、舔舐、刮伤、寄生虫等引起的皮肤或毛囊的损伤，被毛卫生差、皮肤干燥、湿热等物理因素以及药物使用不当等，均可引起细菌性皮肤病的发生。

任务实施

细菌性皮肤病防治

一、毛囊炎

毛囊是包围在毛发根部的囊状组织，内层是上皮细胞，与表皮相连，外层是结缔组织，与真皮相连。毛囊炎是导致动物皮肤脱毛和毛囊发炎的一种细菌感染。临床上以毛囊口部位出现丘疹、脓疱、鳞屑，并有不同程度的脱毛和瘙痒症状为特征。

【病因】 任何原因导致皮肤的完整性遭到破坏或皮肤正常菌群失调，均可引起毛囊炎的发生。如皮肤过敏、脂溢性皮炎、甲状腺功能低下、肾上腺功能亢进、糖尿病、皮肤过度潮湿或酸碱度改变等。细菌性毛囊炎的主要致病菌为假中间型葡萄球菌，偶见链球菌和巴氏杆菌。如果治疗不及时，炎症扩散会造成疖、痈和脓皮症的发生。有时毛囊内蠕形螨寄生也可引起毛囊炎。

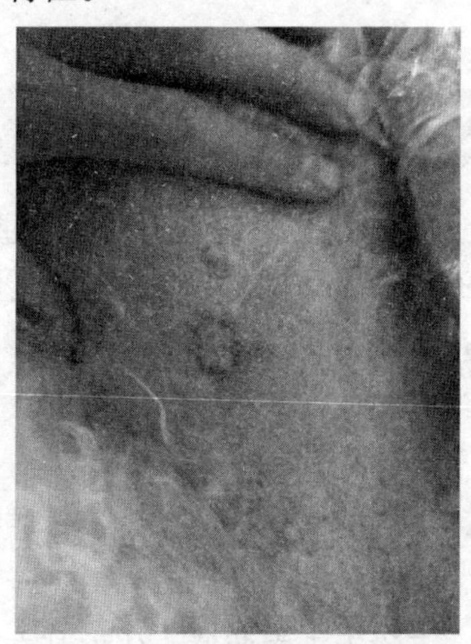

图 2-1-1　毛囊炎引起的环形脱毛

【症状】 单纯性散在性毛囊炎在临床上十分常见，主要症状为在口唇周围、四肢内侧、腹部、背部皮肤出现多量丘疹和脓疱，病变部位常常有不同程度的脱毛和鳞屑（图 2-1-1），皮肤褶皱处糜烂或出现脓疱、圆形红斑、色素沉着，严重时可见脓肿、疖病。患病动物表现为搔抓、啃咬、磨蹭和舔舐患部皮肤，使病情加重。

【诊断】 根据病史和常见临床症状可初步诊断，确诊需要进一步实验室检查。

1. 皮肤压片　对脓疱、糜烂、溃疡或病变的渗出物采样，或揭起结痂，暴露出下面的潮湿表面压片采样。对于丘疹，可用玻片或针挑破，然后挤出渗出液涂片染色镜检。

2. 皮肤刮片　手持钝刃刀片，垂直于皮肤，沿毛发生长方向，以中等压力进行刮片，收集病料涂片镜检。

【鉴别诊断】 主要应对全身性蠕形螨病、皮肤癣菌病、浅表性脓皮症、异位性皮炎、食物过敏、跳蚤过敏症等进行鉴别诊断。

【治疗】 局部感染时，可用含醋酸氯己定抗菌喷剂，每天 1～2 次，连用 3～5 d，也可涂抹甲硝唑、庆大霉素软膏等抗生素软膏。局部用药时 30 min 内应防止舔舐患部。

若局部治疗效果不佳，可配合全身使用抗生素，如克拉维酸钾-阿莫西林，12.5～20 mg/kg*，口服，每天 2 次，连用 5～7 d；头孢氨苄，15～20 mg/kg，口服，每天 2 次，连用 5～7 d；也可用氟喹诺酮类药物，如恩诺沙星，5～10 mg/kg，口服，每天 1 次，连用

---

* 若无特殊说明，本书所指剂量均以每千克体重计。

3～5 d。

对于皮肤屏障功能低下的幼龄和老龄犬、猫，同时配合皮肤营养疗法，如口服脂肪酸、牛磺酸等以加速皮肤愈合。对于易复发病例可同时用抗菌香波进行药浴，以巩固治疗效果。

【预防】加强日常管理，每月按时驱虫，每天坚持梳理被毛，按时洗澡，保持皮肤清洁。平时注意饮食习惯，对毛囊炎易发品种建议选择天然成分的犬粮或皮肤病配方犬粮，给予全面的营养，提高皮肤免疫功能。

二、皮下脓肿

任何组织或器官内形成的外有脓肿膜包裹、内有脓汁蓄积的局限性脓腔称为脓肿。根据脓肿发生的部位可分为浅在性脓肿和深在性脓肿。浅在性脓肿常发生在皮下结缔组织、筋膜下及表层肌肉组织内，深在性脓肿常发生于深层肌肉、肌间、骨膜下及内脏器官。

【病因】常因犬、猫争斗、咬伤，使正常口腔内的细菌经穿刺创接种于皮下而发病。引起脓肿的致病菌主要是化脓性细菌，如葡萄球菌、化脓性链球菌、大肠杆菌、绿脓杆菌等。除感染因素外，静脉注射各种刺激性的化学药品时，如水合氯醛、氯化钙、高渗盐水及砷制剂等，误注或漏注至皮下也可引起脓肿。注射时不遵守无菌操作规程也可引起注射部位脓肿。

【症状】脓肿初期，触诊局部温度升高，肿块坚实，有疼痛反应。随病情发展，肿胀界限逐渐清晰和局限，四周较硬，肿胀中心因组织细胞、致病菌和白细胞崩解破坏而出现波动。症状严重时，可表现为全身性症状，如发热、厌食及精神沉郁等。病变多出现在尾根、肩、颈、颜面部和四肢部位。

【诊断】根据临床症状，近期有无争斗的病史、有无注射药物和疫苗等可作出初步诊断。经穿刺脓肿有脓汁流出，根据脓汁的性状并结合细胞学检查，可进一步确诊。

【鉴别诊断】应注意与外伤性血肿、淋巴外渗、肿瘤、钝挫伤、蜂窝织炎和腹壁疝等进行鉴别诊断。

【治疗】发病初期局部肿胀正处于急性炎性细胞浸润阶段，主要是消炎、止痛和促进炎性渗出物的吸收。可用鱼石脂酒精、复方醋酸铅溶液局部冷敷，以抑制炎性渗出，或用普鲁卡因在病灶周围封闭，效果较好。

如果脓肿已成熟，应选择波动最明显且容易排脓的部位，及时切开脓肿，脓汁要尽量排尽，并每天用生理盐水、氯己定溶液反复清洗脓腔。切开的脓肿创口涂布抗生素软膏。同时，全身应用抗生素如阿莫西林，20 mg/kg，口服，皮下注射或肌内注射，每天 2～3 次；克拉维酸钾-阿莫西林，12.5～20 mg/kg，口服，每天 2～3 次；克林霉素，10 mg/kg，口服或肌内注射，每天 2 次；头孢维星钠，8 mg/kg，皮下注射，每 2 周 1 次，直至完全愈合。

【预防】为防止争斗，将不做种用的公犬、公猫去势，药物注射时严格遵守无菌操作规程是有效的预防措施。

三、浅表脓皮症

浅表脓皮症是毛囊及其附近表皮的浅表性细菌感染。根据发病原因可分为原发性浅表脓皮症和继发性浅表脓皮症两种。与表层脓皮症和深层脓皮症不同，浅表脓皮症只涉及表皮，不涉及深层的真皮（表 2-1-1）。

表 2-1-1 脓皮症的分类

表层脓皮症	浅表脓皮症	深层脓皮症
湿疹性皮炎	脓疱病（幼犬脓皮症）	鼻口部位毛囊炎和疖病（犬痤疮）
脓性创伤性皮炎（热点）	浅表扩散性脓皮症	局部深度脓皮症（鼻、脚垫、压迫点脓皮症）
皮褶性脓皮症	浅表性毛囊炎	脓性创伤性毛囊炎和疖病
	黏膜脓皮症	全身性深度脓皮症

【病因】 浅表脓皮症多继发于潜在病因，如过敏、外寄生虫感染、代谢性和内分泌性疾病等。影响皮肤微生态环境的因素，如皮肤酸碱度，环境湿度、温度等的改变可能是脓皮症发生的诱因。其中，以假中间型葡萄球菌为浅表脓皮症的主要致病菌，而金黄色葡萄球菌、表皮葡萄球菌、链球菌、化脓放线菌、大肠杆菌、变形杆菌等也是引起浅表脓皮症的致病菌。

【症状】 病变呈局灶性、多灶性或全身性，表现为丘疹、脓疱（图 2-1-2）、鳞屑、表皮环和周围组织的红斑、脱毛，病灶中心可能有色素过度沉着。短毛犬常表现为"虫蛀"型脱毛斑，小片被毛竖立或白色被毛变成红褐色。在长毛犬，表现为被毛干枯无光，鳞屑增多或过度脱毛。同时表现为不同程度的瘙痒症状。

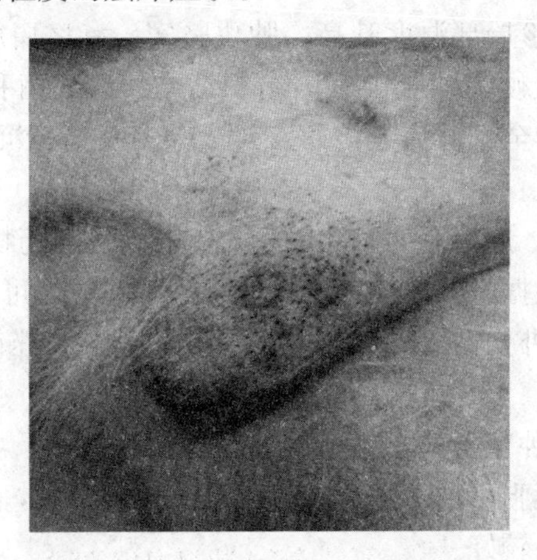

图 2-1-2 浅表脓皮症引起的皮肤脓疱

【诊断】 根据病史和常见临床症状可初步诊断，确诊需要进一步实验室检查。

实验室检查主要是对病变部位皮肤搔刮或压片镜检，发现大量球菌、中性粒细胞或中性粒细胞的吞噬象时可初步诊断。

【鉴别诊断】 应注意与皮肤癣菌病、蠕形螨病、疥螨病、自身免疫性皮肤病等进行鉴别。

【治疗】 增强机体抵抗力，全身和局部应用抗生素是治疗的基本措施。红霉素、氯霉素、盐酸克林霉素、头孢菌素、林可霉素、克拉维酸钾-阿莫西林、甲硝唑、恩诺沙星等可以用于本病的治疗。一般情况下，治疗犬的浅表脓皮症可全身应用抗生素至少 3～4 周，待临床症状完全消除和细胞学检查为阴性后，再用药 1～2 周，以减少复发。

使用含有氯己定或过氧苯甲酰的香波，每 2～7 d 药浴 1 次，及使用犬重组 γ-干扰素等，有助于本病的康复。

如果怀疑或证实对抗生素有耐药性，应提高药浴的频率（可每天洗浴），局部应用氯己定溶液，并同时联合使用抗生素治疗，以达到最好的效果。

【预防】浅表脓皮症常继发于异位性皮炎、食物过敏、跳蚤叮咬过敏、全身蠕形螨感染、库欣综合征、甲状腺功能减退等疾病。因此，控制原发病是预防浅表脓皮症的有效方法。

定期洗澡，以减少皮肤病原菌数量。但应注意洗澡的方式和次数，避免使用人用洗浴用品。

四、深层脓皮症

深层脓皮症是皮肤深层和毛囊的细菌性炎症，细菌感染常导致毛囊破裂，并发展为深层毛囊炎，甚至蜂窝织炎。临床表现以脓疱、蜂窝织炎、糜烂、溃疡、结痂以及形成浆液性至化脓性瘘管为特征。

【病因】本病常继发于慢性浅表性脓皮症、异位性皮炎、蠕形螨病、慢性内分泌性疾病、自身免疫性疾病等。

最常见的致病微生物是假中间型葡萄球菌。同时，施氏葡萄球菌、金黄色葡萄球菌、假单胞菌和其他革兰氏阴性细菌也可引起深层脓皮症。

【症状】病变多呈局灶性、多灶性或全身性变化，最常发生在躯干和受压迫的部位。表现为红色凸起、丘疹、脱毛、类似血疱的病变和出血（图 2-1-3）、结痂以及出现皮肤触痛，有时瘙痒。全身性深层脓皮症时可出现发热、厌食和精神沉郁等症状。

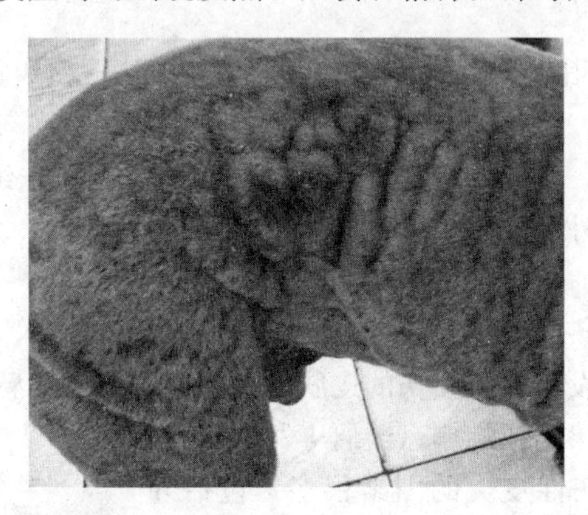

图 2-1-3 深层脓皮症引起的瘘管

【诊断】根据病史和典型体格检查结果可作出初步诊断。细胞学检查发现大量中性粒细胞、球菌、杆菌，同时伴随不同程度的疼痛表现可进一步确诊。更为特异性的检测如皮肤活检，有助于确诊。皮肤的细菌培养有助于鉴定病原菌和选择合适的全身性抗生素。

【鉴别诊断】应注意与浅表脓皮症（图 2-1-4）、真菌感染、蠕形螨病、放线菌病、诺卡氏菌病、分枝杆菌病等进行鉴别诊断。

【治疗】对于深层脓皮症的治疗，全身抗生素治疗是必要的，由于耐药细菌的普遍存在，应在细菌培养和药敏试验的基础上选择全身使用抗生素 6～8 周，待临床症状完全消失后仍继续使用抗生素 2～3 周。

头孢氨苄，15～30 mg/kg，口服，每天 2 次，连服 6～8 周；克拉维酸钾-阿莫西林，12.5～20 mg/kg，口服，每天 2 次，连服 6～8 周；头孢喹肟，5～10 mg/kg，皮下注射，每天 1～2 次；头孢维星钠，8 mg/kg，皮下注射，每 2 周 1 次，连用 2～4 次。

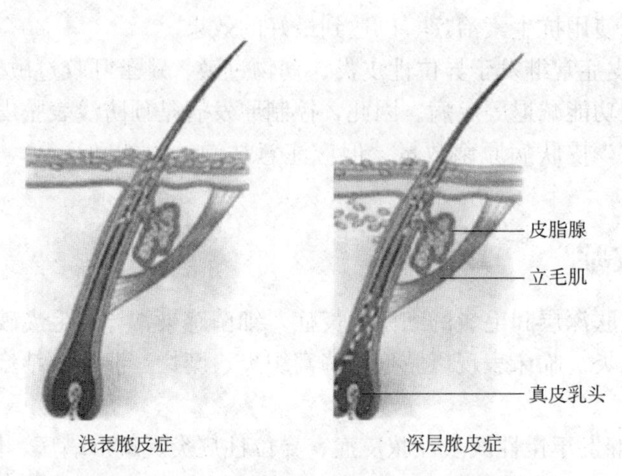

图 2-1-4 浅表脓皮症与深层脓皮症的区别

应用细胞学检查监测感染情况，并进行细菌培养和药敏试验，对于决定何时停止使用抗生素非常重要。

本病在严重病例或慢性病例，可能会出现纤维化、瘢痕等永久性后遗症。

醋酸氯己定香波可清除皮肤细菌、碎屑、结痂、污垢等，但每次使用时应保持接触皮肤15～20 min。

【预防】 脓皮症几乎都继发于某种潜在病因，若未查找和纠正潜在病因，脓皮症可能复发。

平时应注意清洁卫生，定期洗澡，定期清洗宠物用具，防止细菌滋生。每天梳理毛发，保持清洁，定期进行体内外驱虫。

五、脓性创伤性皮炎

脓性创伤性皮炎是继发于自我损伤的皮肤表面的速发型细菌感染，常伴发皮肤的继发感染，如皮肤丘疹、水疱、渗出或结痂、鳞屑等。

【病因】 引起脓性创伤性皮炎的因素很多，包括外界刺激、外伤、过敏原、细菌、真菌、外寄生虫等，在某些情况下可成为其他疾病的并发症状。当动物瘙痒或受到疼痛刺激时，舔舐、啃咬、搔抓或摩擦患部发生病变。本病为季节性疾病，常发生于炎热、潮湿季节。跳蚤是最常见的刺激因素。

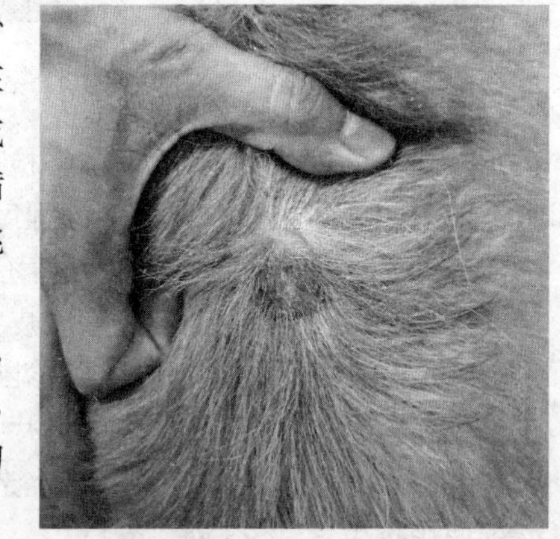

图 2-1-5 脓性创伤性皮炎

【症状】 表现为急性瘙痒，皮肤出现红斑、脱毛、潮湿、糜烂（图 2-1-5），病变区迅速扩大，界限清楚。常为单一病灶，也可为多个，常伴有疼痛。最常发病的部位为躯干、尾根、大腿外侧、颈部等。

【诊断】 根据病史和临床症状，排除其他类似疾病进行初步诊断。

【鉴别诊断】 应注意与浅表脓皮症、蠕形螨病、皮肤癣菌病等进行鉴别诊断。

【治疗】 根据诊断结果鉴定病因，积极治疗原发病，如使用驱虫药，佩戴项圈，使用低过敏处方粮等。

皮肤局部和全身用药。首先局部剃毛清洗，保持皮肤清洁。局部施用干燥剂或收敛剂等，但禁用含有酒精的局部药物。如果瘙痒轻微，可使用局部镇静剂或含有皮质类固醇的膏剂或溶液，每天2～3次，连用5～10 d。如瘙痒剧烈，给予短效类固醇，如地塞米松磷酸钠，0.1 mg/kg，皮下注射；或泼尼松龙，0.5～1.0 mg/kg，口服，每天1次，连用5～10 d。或佩戴项圈。

如果中心病变周围有丘疹或脓疱，应全身使用抗生素治疗3～4周，头孢喹肟，5～10 mg/kg,每天1～2次；头孢羟氨苄，10～20 mg/kg，每天2～3次。

【预防】 做好日常管理工作，搞好环境卫生，经常保持通风干燥，并做好防虫工作；合理饮食，均衡营养，增强机体免疫力。

六、趾间脓皮症

趾间脓皮症是犬指（趾）间的一种慢性炎症，又称细菌性爪部皮炎、指（趾）间囊肿、指（趾）间肉芽肿等，是临床上以肉芽肿为特征的多形性小结节，多发生于前肢第3、4指。

【病因】 本病病因复杂，多因毛囊细菌感染、皮脂腺阻塞、过敏反应、接触性变态反应、免疫缺陷、异物外伤等原因，使趾间皮肤的毛囊和皮脂腺阻塞而发生细菌感染。常见的病原菌有葡萄球菌、链球菌、假单胞菌、大肠杆菌和棒状杆菌等。本病多发于短毛品种犬，如腊肠犬、北京犬和斗牛犬等。

【症状】 发病初期，局部表现为丘疹，随后逐渐发展为结节，呈紫红色（图2-1-6），挤压可破溃，流出血样渗出物。可在趾间发生一个或多个结节。严重时局部疼痛、行走跛行，常舔咬患肢。

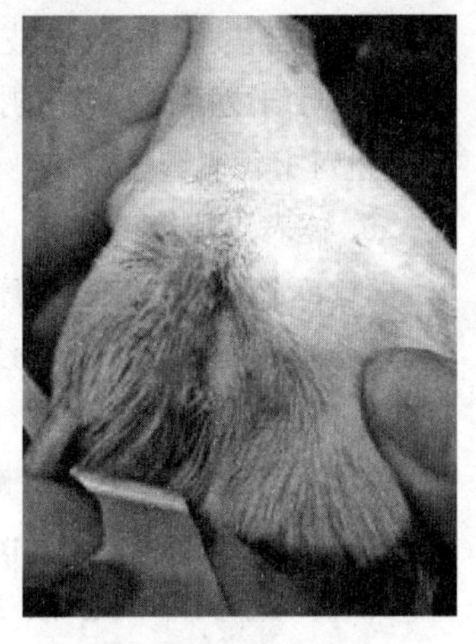

图2-1-6　趾间脓皮症

犬单肢或四肢的趾间都可发生脓疱甚至形成瘘管，患犬频繁舔舐患部。本病多取慢性经过，病程长的可达数月。

【诊断】 根据病史和临床症状，排除其他类似疾病进行诊断。

【鉴别诊断】 应注意与趾部蠕形螨病、马拉色菌性爪部皮炎、盘状红斑狼疮、放线菌病、诺卡氏菌病、分枝杆菌病、深部真菌感染、肿瘤等进行鉴别诊断。

【治疗】

1. 异物性脓肿　首先用消毒液清洗指（趾）部，去除异物，外涂消毒液并包扎。也可采用0.025%氯己定溶液、0.4%聚维酮碘溶液进行药浴，每次15～20 min，连续5～7 d。

2. 细菌感染性脓肿　切开脓疱挤出脓液，用0.1%新洁尔灭或双氧水清洗，每天2～3次。

3. 全身抗生素治疗　注射或口服抗生素，如头孢氨苄、克拉维酸钾-阿莫西林、克林霉素等。为防止细菌产生耐药性，应进行药敏试验，筛选敏感的抗生素进行治疗。

4. 手术疗法　对慢性指（趾）间脓肿保守疗法无效时，可采用患指（趾）切除手术。

【预防】 雨天减少户外活动，洗澡时尽量剪掉指（趾）间过多毛发，保持指（趾）部清洁干燥。

七、皮褶炎

皮褶炎是皮褶处皮肤的浅表性细菌感染。临床上以皮褶处红斑、恶臭、炎性浸润和疼痛为特征，多发于皮褶较多的品种。

【病因】皮褶炎可发生在短头品种犬的面褶，嘴唇较大犬的唇褶，尾呈螺旋状的短头品种的尾褶，阴门小而深陷的肥胖母犬的阴门褶，以及身体或腿部皮褶过多的部位。

多发于沙皮犬、斗牛犬以及肥胖犬的面部、唇部、尾部、阴门等部位；猫多发于面部扁平的品种，如加菲猫等。

肥胖是常见的诱因，通常会加重病情，并增加复发的可能。

【症状】

1. 面部皮褶炎 面部皮褶红斑，不痛不痒，可有恶臭气味。常并发外伤性角膜炎或角膜溃疡。

2. 唇部皮褶炎 常见唾液积聚、浸渍，下唇褶处有红斑。并发牙结石、齿龈炎和流涎过多，可引起口臭。

3. 尾部皮褶炎 尾部皮肤浸渍、红斑、恶臭。

4. 阴门皮褶炎 包括阴门褶的红斑、浸渍和恶臭，经常舔舐阴门，排尿疼痛。阴门皮褶炎也可上行引起尿道感染。

5. 体表皮褶炎 红斑、脂溢性皮炎，常有恶臭，有时躯干或腿部皮肤轻度瘙痒。

【诊断】根据病史和临床症状，排除其他类似疾病进行诊断。

【鉴别诊断】应注意与浅表脓皮症、马拉色菌性皮炎、蠕形螨病、皮肤癣菌病相鉴别。阴门皮褶炎应与尿液浸渍、原发性膀胱炎或阴道炎等相鉴别。

【治疗】对于严重的皮褶炎，应全身使用抗生素治疗，头孢羟氨苄，20 mg/kg，每天2～3 次；头孢喹肟，5～10 mg/kg，每天 1～2 次；头孢维星钠，8 mg/kg，皮下注射，每 2 周一次。对于面部、尾部、唇部或阴门处的皮褶炎，用含有氯已定、过氧化苯甲酰或乳酸乙酯的香波进行清洗。

积极治疗原发病，如角膜溃疡、口腔溃疡、尿道感染等。

对于局部易复发的病例，应考虑手术切除多余的皮褶。

【预防】肥胖是犬皮褶炎的常见诱因，所以控制犬的体重可有效控制皮褶炎的发生。平时应保持皮肤清洁，定期洗澡。

八、肛门腺炎

肛门腺炎是肛门囊内的腺体分泌物因排泄管道堵塞蓄积于囊内，发生腐败，刺激腺体黏膜引起的炎症。

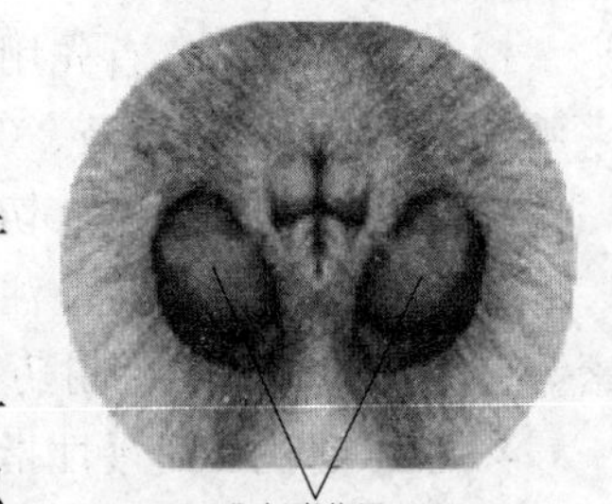

图 2-1-7 肛门囊位置示意

犬的肛门囊位于内、外肛门括约肌之间的腹侧，左右各一个，呈球形（图 2-1-7）。中型犬的肛门囊直径为 1 mm 左右，以 2～3 mm 长的管道开口于肛门黏膜与皮肤交界部。肛门囊内分布有腺体，分泌灰色或褐色含有小颗粒的皮脂样分泌物，味腥臭，具有润滑肛门，使粪便顺利排出的功能，同时也是动物之间互相辨识的方式之一。

【病因】外肛门括约肌功能不良、肛门腺过度分泌、食物单一，是造成本病的常见原因。本病常见于小型犬、猫。

【症状】患犬、猫肛门呈炎性肿胀并向外突出，常可见甩尾，蹭舔并试图啃咬肛门，排便困难，拒绝抚摸臀部等症状。炎症严重时，肛门囊破溃，流出大量黄色或褐色稀薄液体，有恶臭。病程长时可见肛门处形成瘘管，疼痛反应加重。

【诊断】根据病史和临床症状，排除其他类似疾病进行诊断。

【鉴别诊断】应注意与肛门周围炎、直肠息肉、肛囊腺瘤、直肠狭窄、直肠脱垂等进行鉴别诊断。

【治疗】把犬、猫尾举起暴露肛门，用拇指和食指挤压肛门囊开口部，或将食指插入肛门，与外面的拇指配合挤压，除去肛门囊的内容物。然后对肛门囊冲洗并注入消炎药。伴有全身症状时应用全身抗生素治疗。如有复发，可向囊内注入复方碘甘油，每周 1 次直至痊愈。肛门囊已溃烂或形成瘘管时宜手术切除肛门囊。

【预防】合理调配犬的饮食，科学饲喂相对稳定的日粮，小型犬适当增加粗纤维食物的摄入，减少蛋白质含量高的肉类食物，可减少肛门腺炎的发生。其次，要定期检查肛门腺，人工辅助将肛门腺分泌物从腺囊内排出，避免分泌物蓄积。

九、放线菌病

放线菌主要分布于自然界，健康动物的口腔、上呼吸道、肠道也存在放线菌，当动物防御机能遭受破坏时，放线菌可经损伤的皮肤、黏膜或吸入胸腔而感染。并可从病变部位通过血液循环扩散至脑和其他组织器官。

放线菌病常继发其他细菌感染，主要特征为头、颈、颌下等出现放线菌性肉芽肿。

【病因】放线菌是口腔内的一种非致病菌，属于革兰氏阳性、厌氧的腐生菌。犬在吸入或采食带有芒刺的食物以及当尖锐外来异物扎破皮肤或软组织时，常会引发该病。放线菌一旦引发感染，就会慢慢发展形成肉芽肿和瘘管。

本病发病初期常出现淋巴外渗的症状，极易与皮肤淋巴外渗相混淆。此外，当患犬耳道有化脓性细菌感染，颈部有外伤时很容易引发本病。

【症状】发生于皮肤和皮下组织的放线菌病，可形成肉芽肿和瘘管，主要表现为头、颈、颌下等出现放线菌性肉芽肿，俗称大颌病。

犬感染时常表现为皮下有坚实或波动感的肿胀和脓肿，并伴有发热，触诊肿胀，表面高低不平或略坚实，无恶臭味。有时可形成瘘管和溃疡。

猫常表现为脓胸和有臭味的皮下脓肿，血样或脓性渗出物是最常见的临床症状。

【诊断】根据病史和临床症状可初步诊断。实验室诊断包括细胞学、皮肤组织病理学、厌氧菌培养等可进行确诊。

【鉴别诊断】应注意与深部细菌感染、深部真菌感染、血肿、淋巴外渗以及皮肤肿瘤等进行鉴别。

【治疗】对于确诊病例应进行广泛性的切除手术，尽可能去除病变组织，以防感染扩散。

【预防】本病为人兽共患病，宠物主人也应注意自身防护，避免动物到山林、田地等杂草多的地方，一旦有皮肤、黏膜受损要及时处理伤口。

十、诺卡氏菌病

诺卡氏菌病是由诺卡氏菌引起的主要以局部皮肤发生蜂窝织炎为特征的传染病。常发于哺乳动物和鱼类。

【病因】诺卡氏菌主要经皮肤刺创感染而发病，少数病例也可经呼吸道感染。通常是通过呼吸道吸入孢子或断裂的菌丝感染，其次见于开放性外科手术后感染。

诺卡氏菌病的组织反应表现为增殖性与侵蚀性的化脓性肉芽肿，纤维素渗出后可形成瘘管。

【症状】主要表现为四肢、耳下或颈部等处发生蜂窝织炎和脓肿。脓肿局部有轻度疼痛，并可向周围缓慢扩散。脓肿破溃后迅速愈合，但又在其他部位发生新的脓肿。在慢性化脓灶内可见灰色或棕红色黏性脓块，脓肿内含有小颗粒状的诺卡氏菌块。

除皮肤局部病变外，常可继发或单独发生渗出性胸膜炎和腹膜炎，也可发生支气管肺炎。当胸腔淋巴结肿大时，常因压迫食管而引起吞咽困难。

【诊断】根据病史和临床症状，排除其他类似疾病进行确诊。

【鉴别诊断】应注意与深部细菌感染、深部真菌感染、肿瘤、放线菌病、葡萄球菌病等进行鉴别。

【治疗】磺胺类药物是治疗诺卡氏菌病的有效药物，首选复方磺胺甲噁唑。局部采用外科引流，清创，尽可能去除病变组织。

全身应用抗生素，如磺胺嘧啶，80～100 mg/kg，口服，每天 2 次；磺胺异噁唑，50 mg/kg,口服，每天 3 次；甲氧苄啶-磺胺嘧啶，15～30 mg/kg，口服或皮下注射，每天 2 次；红霉素，10 mg/kg，口服，每天 3 次；米诺环素，5～25 mg/kg，口服或静脉注射，每天 2 次。临床症状消失后至少继续用药 4～6 周。如有可能，应在细菌培养和药敏试验的基础上选择抗生素。

【预防】做好皮肤和宠物舍的清洁卫生工作，发现外伤应及时处理伤口。

任务反思 >>>>>>>>>>>>>>>>>>>>>>>>>>>>>>>>>>>>

1. 怎样合理治疗犬的毛囊炎？
2. 犬毛囊炎与犬蠕形螨病、皮肤癣菌病的鉴别诊断要点有哪些？
3. 犬浅表脓皮症和深层脓皮症的鉴别诊断要点有哪些？
4. 犬皮下脓肿与血肿、淋巴外渗、皮肤组织细胞瘤的鉴别诊断要点是什么？
5. 怎样分析治疗犬的肛门腺炎和趾间脓皮症？

任务二　真菌性皮肤病

任务目标 >>

能辨别真菌性皮肤病常见的临床症状，学会真菌性皮肤病实验室诊断方法，能对不同类型的真菌性皮肤病进行合理治疗。

任务准备 >>

一、马拉色菌

马拉色菌属酵母菌，是一种正常寄生于人和动物皮肤表面的真菌（图 2-2-1），一般存在于动物的口腔、外耳道和肛门周围的皮肤上，可导致条件性感染。目前将犬、猫皮肤上的马拉色菌分为 6 种：糠秕厚皮马拉色菌、合轴马拉色菌、球形马拉色菌、圆头马拉色菌、限定马拉色菌和斯洛菲马拉色菌。糠秕厚皮马拉色菌常见于犬和猫；合轴马拉色菌常见于猫和人；球形马拉色菌常见于猫、人、牛；圆头和限定马拉色菌常见于人；斯洛菲马拉色菌常见于猪、人、山羊、绵羊。

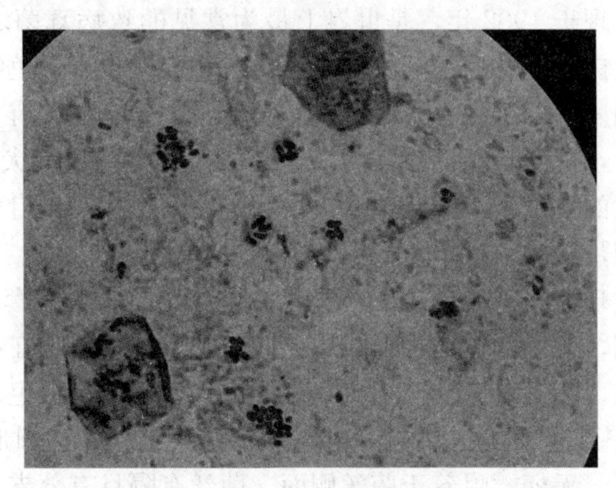

图 2-2-1　厚皮马拉色真菌

马拉色菌的主要特征是球形或卵圆形细胞，单级出芽生殖，在显微镜下呈典型的花生样或葫芦样外观，菌丝不常见。马拉色菌是嗜脂性酵母菌，脂类物质可增强其生长能力。

马拉色菌是一种条件致病菌，健康犬、猫的肛门、耳道、指（趾）间经常能分离到马拉色菌，而当宿主的皮肤防御屏障遭到破坏，有适合其生长的环境时就会引起马拉色菌过度增殖，引起发病。

引起马拉色菌过度增殖的因素很多，如食物过敏、内分泌性疾病、遗传性过敏体质等。

犬、猫在舔毛清理被毛时，将黏膜上存在的马拉色菌散播到全身各处，当皮肤环境适合马拉色菌生长时，就会发生皮肤感染。

一般情况下，马拉色菌和动物机体之间存在共生关系，当宿主皮肤防御屏障发生破坏时，马拉色菌就会转变为致病菌。

患有马拉色菌性皮炎的犬、猫，经常发现潜在的原发性疾病，如过敏、内分泌性疾病、代谢性疾病等。

二、皮肤癣菌

犬、猫的皮肤真菌病主要是由小孢子菌属的犬小孢子菌、石膏样小孢子菌和毛癣菌属的须毛癣菌（表 2-2-1）引起，分别占 70%、20%和 10%左右；猫的皮肤真菌病主要由犬小孢子菌引起，约占 98%，石膏样小孢子菌和须毛癣菌约各占 1%。

表 2-2-1　皮肤癣菌的分类

项　目	类　别		
	犬小孢子菌	石膏样小孢子菌	须毛癣菌
真菌类型	嗜动物型	嗜土壤型	嗜动物型
易感动物	犬、猫	犬、猫	兔、鼠
小分节孢子	卵圆形，孢子多，呈片状排列	长形，孢子多，呈串珠状排列	卵圆形，孢子少，呈葡萄状排列
大分生孢子	孢子壁厚，呈梭形或纺锤形，一端稍弯曲，末端似帽样肥大，有 6～15 个分隔	孢子壁厚，呈梭形或纺锤形，孢子粗壮，有 4～6 个分隔	孢子壁薄，细长，呈棒状或雪茄状，两端钝圆，有分隔

犬小孢子菌首次发现于 1902 年，是世界上最为常见的致病真菌之一。在沙氏培养基上生长迅速，菌落最初呈白色，以后逐渐变成淡黄色，表面有少许白色绒毛状菌丝，有时菌落中心隆起或形成同心圆。培养基中心形成无气生菌丝，菌丝有隔并有分支，呈鸡冠状、结节状；大分生孢子呈梭形，壁厚且粗糙，其内多分隔。大分生孢子是犬小孢子菌的重要特征。此外，可见卵形或棒状的单细胞小分节孢子。小孢子菌广泛存在于自然界，犬小孢子菌是亲动物性真菌，能产生角蛋白酶，易于侵入犬、猫的皮肤角质层内。

石膏样小孢子菌发现于 1907 年，孢子密集成群时可形成“发套”样外观，孢子较大，数量较少时呈链状排列，发病部位拔毛镜检可见成串孢子或菌丝。在沙氏培养基上生长的菌落呈白色渐变为棕黄色，菌落背面为红褐色，表面扁平，边缘呈白色短绒毛状，其余部分为粉末状。镜检可见有 4～6 个分隔、对称、粗糙、有棘状突起的椭圆形大分生孢子；小分节孢子中等丰富，呈棒形，无柄，附着于菌丝侧面，菌丝有隔且有分支，呈结节状、梳状。石膏样小孢子菌是亲土性和亲动物性皮肤真菌，主要存在于土壤中，易引起人类的白癣、体癣和脓癣，对动物可引起黄癣痂样损害。

须毛癣菌可分为两个型，即粉末型和绒毛型，后者有较多的大小分生孢子。须毛癣菌菌落为白色或浅黄色，表面呈粉末状，背面呈黄棕色或深红色，菌丝整齐，可表现多种颜色，中央突起。镜检须毛癣菌可见数量众多的卵圆形或棒状的小分节孢子，附着于菌丝侧方，多呈葡萄串状排列，少数单个存在；大分生孢子数量较少，呈细长棒状，壁薄而光滑，有分隔。须毛癣菌为亲动物性皮肤真菌，引起炎症比较显著的皮肤癣菌病。它与红色癣菌、絮状表皮癣菌是引起皮肤和甲板感染的最常见的皮肤真菌。

三、白念珠菌

白念珠菌又称白色假丝酵母，属于双相真菌。白念珠菌菌体呈球形或长球形，直径3～4 μm，在普通培养基及宿主未发病时常表现为酵母细胞型，而在组织内和特殊的培养基上表现为菌丝相。在沙堡琼脂培养基25℃和37℃时培养的菌落为奶油色酵母样，长时间后菌落干燥、变硬或有皱褶。镜检有成群的芽孢及假菌丝。在米粉琼脂或玉米粉吐温琼脂培养基上接种培养24 h可见真菌丝、假菌丝、芽孢及很多顶端圆形的厚壁孢子，后者是鉴定白念珠菌的主要依据。

四、其他真菌

荚膜组织胞浆菌又称美洲型组织胞浆菌。该菌属双相真菌，在感染组织中呈酵母样，菌体长3～4 μm，细胞质常浓缩于菌体中央，与细胞壁之间有一条空白带。在土壤里和沙氏葡萄糖培养基室温培养，产生白色至棕色棉絮样菌丝，菌丝上长有小分节孢子和大分生孢子。小分节孢子易感染肺，大分生孢子易感染胃肠道。本菌在自然界中抵抗力较强。在脓汁中可存活5 d，在外界环境中可存活5个月，加热80℃以上数分钟可以将其杀死，一般消毒液均可将其杀死。

孢子丝菌是一种双相型真菌。本菌在组织内为酵母型，存在于坏死组织、脓汁等病灶中，菌体呈酵母型。表现为圆形、雪茄烟形或梭形，芽生繁殖。本菌在自然界中是腐物寄生菌，在腐烂的植物、土壤以及病畜的皮肤、被毛广泛存在。

任务实施

真菌性皮肤病防治

一、马拉色菌性皮炎

马拉色菌性皮炎属于犬、猫常见的皮肤真菌感染，是由厚皮马拉色菌增殖引起的皮肤真菌感染。临床上以患病部位剧烈瘙痒，皮肤变红，皮脂分泌过度，高色素化或苔藓样变，皮肤增厚，结痂等为主要特征。

【病因】正常情况下，马拉色菌寄居于皮肤角质层，黏附于角质细胞并产生脂酶，增殖过程中引发皮肤过敏反应。

本病的发生与原发疾病、遗传基因、品种、生活史、性激素分泌及季节有着密切的关系。马拉色菌分泌各种酶改变皮肤的酸碱度，激活补体和释放炎性介质，使皮肤的微环境更加适合马拉色菌和葡萄球菌的生存，并引起炎症和瘙痒。

本病夏季多发，脂溢性皮炎患犬和肥胖犬多发。

【症状】多发于外耳道区域、躯干、颈部、指（趾）间、肛门区域及四肢内侧等，患部有不同程度的瘙痒表现。初期犬、猫抓挠患部，病变皮肤出现丘疹、红斑、脱毛，严重时局部出现脓疱、糜烂、渗出物等。症状加重时出现局部皮肤水肿、渗出，继发细菌感染后糜烂面积增大并与鳞屑、结痂融合在一起，严重时形成脓皮症。后期患病部位出现严重苔藓样变、皮肤增厚、剧烈瘙痒、毛发脱落并伴有油腻的腥臭味。

厚皮马拉色菌可伴发有黑棕色分泌物的甲沟炎及红褐色油脂样渗出物的外耳炎。

【诊断】 根据病史和临床症状可初步诊断，实验室检查可用胶带粘贴和皮肤搔刮进行细胞学检查，可见圆形或椭圆形的芽孢酵母菌。皮肤组织病理学检查可见浅层血管炎、淋巴细胞性皮炎，常伴有角质内酵母菌，偶见假菌丝等变化。

【鉴别诊断】 应注意与毛囊炎、脓皮症、皮肤癣菌病、脂溢性皮炎、蠕形螨病、疥螨病等进行鉴别。

【治疗】 对于局部感染病例，可用含酮康唑、咪康唑、克霉唑的乳膏患部涂抹，每天1～2次，直至症状消失。为防止舔舐患部可佩戴伊丽莎白项圈辅助治疗。

对于皮肤症状较轻的病例，可用药用香波治疗，如含2%酮康唑、2%咪康唑、2%氯己定或1%二硫化硒（仅用于犬）的香波药浴，每周2次，1次20 min，待皮肤症状减轻后改为每周1次，直至皮肤症状完全消失。

对于中度或重度病例，可用酮康唑，5～10 mg/kg，口服，每天2次，连用4～6周，疗效显著；或氟康唑，犬5～10 mg/kg，口服，每天1次，连用4～6周；也可用伊曲康唑，5～10 mg/kg，口服，每天1次，连用4～6周；特比萘芬，20～40 mg/kg，口服，每天1次，连用4～6周。为提高药物的吸收率，可将药物混入食物中口服。

对于马拉色菌引起的外耳炎，可用洗耳液冲洗耳道，再用含克霉唑、酮康唑成分的滴耳液治疗。

【预防】 为防止复发，每周用含对氨基苯甲酰、二硫化硒的抗真菌香波药浴1～2次，逐渐减至2周1次，经常喂给提高免疫力的营养保健品。除了免疫功能不全的个体外，本病一般不传染其他动物和人。

二、皮肤癣菌病

皮肤癣菌病是浅表性真菌感染的一种，是由小孢子菌属和毛癣菌属的真菌所引起的各种皮肤疾病的总称，俗称“钱癣”。其特征是在皮肤上出现界限明显的脱毛圆斑（图2-2-2），伴有大量鳞屑、结痂、皮肤瘙痒。

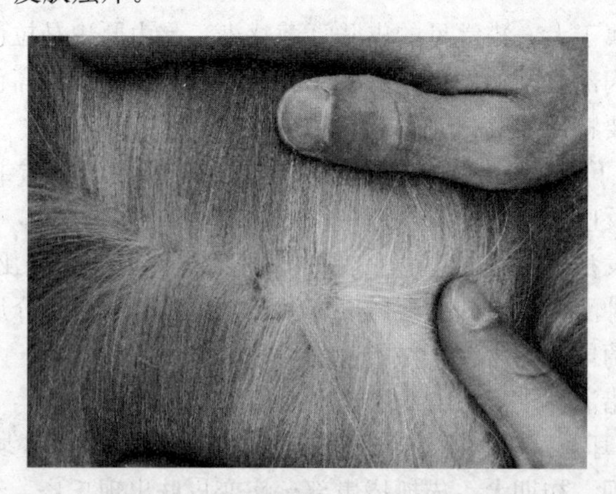

图2-2-2　癣菌引起的圆形脱毛

脓癣是指皮肤深层肉芽肿性的真菌感染，常伴有炎性细胞浸润，呈单个或多个结节，病原主要有石膏样小孢子菌、犬小孢子菌、毛癣菌等真菌。

【病因】 本病主要通过直接接触被癣菌感染的犬、猫，或接触被癣菌污染的用具如玩具、梳子等而感染；环境潮湿、动物免疫力低下也可诱发本病。

犬、猫生活在被癣菌污染的环境中均有机会携带犬小孢子菌和石膏样小孢子菌。

易感因素：与猫接触史，与啮齿类动物接触史，人感染史。

【症状】 主要表现为在面部和四肢形成快速扩展的圆形或类圆形脱毛区，脱毛区周围散在多量结痂、鳞屑，犬常伴有剧烈瘙痒症状。猫由于与犬小孢子菌共生性较强，一般不表现明显的瘙痒症状。

【诊断】 根据病史和临床症状可初步诊断，确诊需要进一步实验室检查。

1. 直接镜检　拔取病变部位及病变周围的被毛或刮取鳞屑置于载玻片上，滴加10%氢氧化钾溶液，加盖玻片。微热处理后，置于显微镜下观察有无真菌孢子或“朽木状”毛发（图2-2-3）。

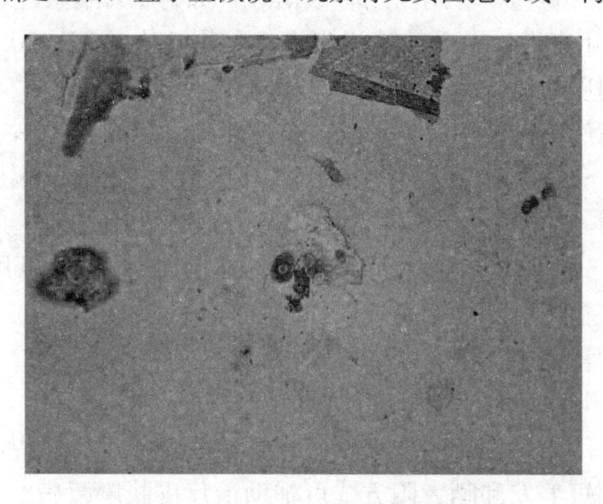

图2-2-3　犬小孢子菌分节孢子

2. 伍德灯检查　伍德灯可以产生波长253.7 nm的紫外线光，预热5 min后，在暗室条件下照射被检犬、猫被毛毛根和毛干，如果发出黄绿色至绿色荧光，可作为诊断依据（图2-2-4）。这是一种简单的筛查方法，但易出现假阴性和假阳性结果。本方法仅适用于犬小孢子菌。

3. 真菌培养　将采集好的病料样本接种于DTM培养基中，封口袋保存，室温培养。2～3周后观察结果（图2-2-5）。

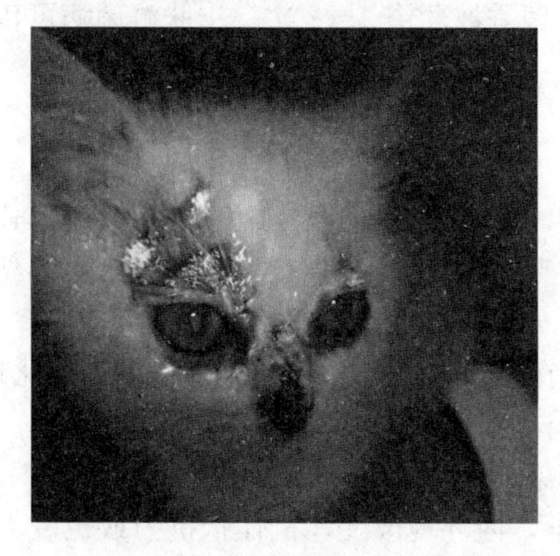

图2-2-4　伍德灯下毛发蓝绿色荧光

图2-2-5　癣菌大分生孢子

感染犬小孢子菌的毛发用伍德灯照射时会发出“苹果绿”的荧光色，是由于存在色氨酸代谢产物——蝶啶。但是，从犬、猫身上分离的犬小孢子菌和须毛癣菌中，超过50%的毛发不会出现“苹果绿”荧光。因此，毛发显示荧光则强烈提示犬小孢子菌引起的皮肤癣菌病，而对于不发荧光的，诊断意义不大。

【鉴别诊断】应注意与蠕形螨病、浅表脓皮症、皮肤肿瘤、肢端舔舐性皮炎、过敏、猫精神性脱毛等相鉴别。

【治疗】对于局部感染病例，可用10%克霉唑乳膏、2%酮康唑乳剂、1%～2%咪康唑乳剂、1%特比萘芬乳剂患部涂抹，每天1～2次，直至症状消失。为防止舔舐患部可佩戴伊丽莎白项圈辅助治疗。

对于皮肤症状较轻的病例，可用药用香波治疗，如含2%酮康唑、2%咪康唑、2%氯己定或1%二硫化硒（仅用于犬）的香波洗浴患犬，每周2次，1次20 min，待皮肤症状减轻后改为每周1次，直到皮肤症状完全消失。

对于中度或重度病例，可使用特比萘芬，20～40 mg/kg，口服，每天1次，连用4～6周；灰黄霉素，5～10 mg/kg，口服，每天2次，连用4～6周；酮康唑，10～20 mg/kg，口服，每天1次，连用4～6周。与酸性食物一起给药效果更好。

伊曲康唑，5～10 mg/kg，口服，每天1次，连用4～6周，可用于幼龄犬、猫，其耐受性更好，尤其是对于猫，可隔天用药或隔周用药等脉冲疗法进行。为提高药物的吸收率，可将药物混入含脂肪的食物中口服。

泊沙康唑，15 mg/kg，每天1次，口服，效果较好。

对于顽固性病例，可用脉冲疗法或多种治疗方案联合使用，以提高治愈率。

对患犬、猫采用剃短毛发和晒太阳方式可辅助治疗皮肤癣菌病。

皮肤癣菌病的治疗周期较长，通常需要1～3个月才能痊愈，尤其是被须毛癣菌、石膏样小孢子菌感染的病例，因此，皮肤癣菌病的治疗应有足够疗程，以避免复发。同时，该类药物具有一定的肝毒性，治疗过程中应选用肝毒性小的治疗药物，尽量通过口服，并配合使用提高免疫力的药物以缩短用药时间，提高治愈率。

【预防】用于犬小孢子菌的真菌疫苗没有预防效果，可能只用作辅助治疗。

净化环境很重要，平时应彻底清洁环境，对所有污染用品清洗消毒，同时为防止疾病复发，对治愈患宠和无症状的带菌者，应每周用抗真菌香波药浴1～2次。皮肤癣菌病可传染其他动物和人，应注意个人防护。

三、白念珠菌感染症

白念珠菌感染症是一种人兽共患的真菌性疾病，是由于机体免疫抑制或菌群失调导致白念珠菌过度增殖而引起局部或全身性感染，俗称“鹅口疮”。主要以口腔、咽喉等局部黏膜溃疡，表面有黄白色的伪膜覆盖为特征。

【病因】白念珠菌是一种条件致病菌，广泛存在于自然界及动物和人的口腔、消化道、上呼吸道、阴道和皮肤上。正常情况下，白念珠菌在动物和人体上处于共生状态，并不致病。白念珠菌的感染来自两个方面，一是内源性感染，二是外源性感染。

1. 内源性感染　在某些生理、病理因素影响下，内环境改变，机体抵抗力或免疫力降低时，念珠菌就会大量繁殖发展为菌丝型，侵犯动物体组织，达到一定数量时引起发病，导致一系列临床症状。这些因素通常包括营养不良、维生素缺乏、长期应用广谱抗生素或皮质类固醇类药物等，均可由内源性感染而发病。

2. 外源性感染　本病传播方式多样，可通过人与人、动物与动物、动物与人等多种方式直接或间接接触传播。本病的易感性强，人、犬、猫、鸽、豚鼠、兔、猴及其他野生动物均易感。

【症状】患病动物表现为长期的吞咽困难、食欲缺乏或厌食、多涎、口臭，有时会出现体温升高，在皮肤、黏膜交界处有明显的损伤。检查可发现口腔、舌面和食道黏膜上形成一个或多个隆起软斑，表面覆有黄白色伪膜，有时整个食道被黄白色伪膜覆盖，去除伪膜，可见浅在性溃疡面，动物表现疼痛不安。有时可能见到外阴和阴道内糜烂或不同程度的耳炎、甲沟炎等。

白念珠菌感染皮肤时，患病动物被毛不洁，粗乱且无光泽，精神烦躁，食欲缺乏，搔抓和磨蹭患部皮肤，导致被毛脱落，鳞屑和分泌物增多，皮肤、黏膜肿胀，有白色凝乳块或片状膜样附着，易剥落，出现糜烂或溃疡。

除感染消化道、皮肤外，有时也可转移至支气管、肺、肾和心脏。发生呼吸道念珠菌病时，出现咳嗽、胸痛和体温升高等。

【诊断】由于白念珠菌是条件性致病菌，从患部采样，培养出白念珠菌并不一定提示已发本病。该病的确诊必须依据病史、临床表现及病原学检查相结合，进行综合性诊断。

刮取瘙痒部位的皮肤碎屑，在低倍显微镜下镜检，当看到黄白色奶油状的念珠菌菌落时可初步诊断。

【鉴别诊断】应注意与蠕形螨病、脓性创伤性皮炎、其他真菌感染、自身免疫性疾病、血管炎、皮肤药物反应和皮肤淋巴瘤相鉴别。

【治疗】本病治疗以纠正潜在病因，提高机体免疫力，改善环境为原则。

1. 局部疗法　适用于范围较小的黏膜和皮肤念珠菌病治疗。选用碘制剂、0.1%高锰酸钾溶液、0.5%龙胆紫液等进行消毒，并配合抗真菌药物口服治疗。3%两性霉素 B 乳剂，每天 2 次；1%～2%咪康唑乳剂、喷剂或洗剂，每天 1 次；1%克霉唑乳剂、洗剂或溶液，每天 2～3 次。

2. 全身疗法　适用于消化道念珠菌病治疗。克霉唑，20～40 mg/kg，口服，每天 1 次，连用 2～3 周；或口服制霉菌素，40 万～100 万 IU/kg，每天 1 次，连用 1 周，疗效较好；也可用酮康唑，5～10 mg/kg，混于食物中口服，每天 1～2 次；伊曲康唑，5～10 mg/kg，混于食物中口服，每天 1～2 次；氟康唑，5 mg/kg，口服，每天 1～2 次。也可用复合维生素 B，30 mg/次，口服，每天 1 次，连用 2～3 周。

对于全身感染的病例应给予全身抗真菌药物治疗，并在临床症状消失后继续用药 1～2 周。

【预防】本病感染多继发于某些潜在病因，如长期使用抗生素，免疫抑制或缺失，居住环境潮湿等因素。因此，平时应尽量避免长期使用抗生素、皮质类固醇类药物和免疫抑制剂等。

四、腐霉菌感染症

腐霉菌又称隐袭腐霉菌，临床上以皮肤出现增生性结节病灶，继而形成溃疡、瘘管及浸润性肉芽肿为特征。

【病因】本菌通过皮肤或黏膜进入动物机体后，可导致动物感染发病。大型犬较小型犬发病率高，尤其是猎犬和德国牧羊犬。本病罕见于猫。

【症状】动物种类不同，症状表现也有所不同。犬主要表现为皮肤型和胃肠道型两种。

1. 皮肤型 常见于头部、四肢、会阴和尾部等部位，表现为瘙痒程度不等的结节，继而这些结节形成大而柔软的增生性肿块，并迅速变大，最后形成溃疡和瘘管。同时在患部流出血样或脓样渗出物。

2. 胃肠道型 由于腐霉菌感染引起浸润性肉芽肿性胃炎、食道炎和肠炎等，最终导致胃内容物反流或腹泻。

【诊断】根据病史和临床症状可初步诊断，确诊需要进一步实验室检查。皮肤细胞学检查表现为肉芽肿性炎症，可见多量嗜酸性粒细胞，可能见不到真菌。染色镜检可见到菌丝宽大、偶尔有隔、具有不规则分枝的真菌。

皮肤组织病理学检查表现为结节至弥散性肉芽肿性皮炎和脂膜炎，有坏死灶和聚集的嗜酸性粒细胞。

【鉴别诊断】应注意与皮脂腺炎、脓性创伤性皮炎、肿瘤、其他真菌性疾病等相鉴别。

【治疗】采用彻底广泛的手术方法切除患部或截肢进行治疗。

通过真菌培养和药敏试验，选取敏感性高的全身抗真菌药长期治疗。但酮康唑、伊曲康唑和两性霉素 B 无效。

对于全身感染的病例应给予全身抗真菌药物治疗，并在临床症状消失后继续用药 1～2 周。

如果经过手术无法彻底切除患病部位，则预后不良。

【预防】定期对犬、猫注射疫苗，预防本病。平时尽量避免长期使用抗生素、皮质类固醇类药物和免疫抑制剂。

五、皮肤真菌性肉芽肿

本病是一种由皮肤真菌引起的，在犬、猫皮肤上出现以坚实的结节、脓肿、囊肿或形成瘘管或窦道为特征的皮肤疾病。

【病因】由条件性致病菌引起，如皮霉菌、分枝杆菌、着色真菌、原藻菌等。

【症状】主要表现为在皮肤和皮下组织形成肉眼可见的多个大小不等的结节，继而结节化脓破溃，流出脓汁，形成溃疡灶甚至窦道或瘘管。

【诊断】根据病史和临床症状可初步诊断，确诊需要进一步实验室检查。

皮肤采样镜检：皮霉菌主要表现为菌丝宽大透明，有隔，弥散在整个组织内；真菌性足分枝杆菌表现为有形状不规则的组织颗粒，这种颗粒宽大、有隔、分枝，含有色素或不含色素；着色真菌表现为带色素，有隔，有厚壁，有分枝或无分枝，似酵母菌的大小不一的菌丝；原藻菌表现为在细胞内有大量圆形、椭圆形或多面球形，大小不一的内生孢子。

皮肤组织病理学检查可见结节至弥散肉芽肿性皮炎或脂膜炎。

【鉴别诊断】应注意与皮脂腺瘤、脓性创伤性皮炎、深层脓皮症、异物反应等疾病相鉴别。

【治疗】可用切除患部或患肢的方法来治疗本病。

采用全身抗真菌药进行长期治疗。若用一般抗真菌药无效的，可根据真菌培养结果选择全身抗真菌药进行治疗。临床症状消失后继续用药2～4周。

【预防】患病动物具有潜在的传染性，可引起其他动物和人的浅表性皮肤癣菌病，应注意防护。

六、组织胞浆菌病

组织胞浆菌病又称达林病或网状内皮细胞真菌病，是由荚膜组织胞浆菌引起的一种人兽共患传染病，对犬和人危害严重，猫也可感染本病，但危害相对较轻，临床上以咳嗽、腹泻、淋巴结肿大和皮肤结节溃疡为特征。

【病因】组织胞浆菌为双相真菌，在温暖、潮湿或富含氮质的土壤中生长良好，鸡舍、鸽舍等鸟类生活地区为该菌生长的主要疫源地。

本病主要传播方式为呼吸道传播，偶见消化道传播。动物和人主要通过吸入含小分生孢子的尘埃而感染，孢子在远端支气管分支和肺泡中生长繁殖，引起原发性肺部感染，受感染的明显标志是荚膜组织胞浆菌素皮试阳性。

根据吸入的孢子数量和机体免疫力的不同，感染后疾病向不同的方向发展。早期感染者可无任何症状或出现流感样症状并可自愈。少数免疫力较低的感染者可呈严重损害，经淋巴和血液播散到全身各脏器组织，引起广泛病变。各种年龄的动物都易感染本病，幼龄犬、猫更易感染发病。

【症状】患病犬、猫在发病初期，症状通常不明显，机体抵抗力增强时可以耐过而自愈。当机体抵抗力降低时，根据侵害的器官、病程的不同，临床表现也各异。

侵害呼吸系统时表现为食欲减退，精神沉郁，体温升高，鼻镜发干，咳嗽，体重下降和呼吸困难；侵害消化系统时主要表现为口腔溃疡，呕吐，腹围增大，消瘦和间歇性腹泻，随着病程的发展，出现里急后重，粪便中混有脱落的肠黏膜上皮，有时排鲜红色的血便；侵害骨骼时引起软组织的损伤、肿胀而导致单肢或多肢跛行；侵害眼部时可见眼睑肉芽肿，视网膜异常色素沉着，视网膜水肿，肉芽肿型脉络膜视网膜炎；侵害皮肤时以皮肤红肿、呈现结节性溃疡为特征。

全身感染时，出现脉搏、呼吸加快，可视黏膜黄染、苍白，有时可见黏膜下有出血，逐渐消瘦，后肢水肿等。急性者2～5周后死亡，慢性者，可持续3个月至2年。

【诊断】

1. 直接镜检法　取末梢血或痰液，骨髓穿刺物，肝、脾、淋巴结穿刺物或脾穿刺组织涂片，吉姆萨染色后镜检，在单核细胞或中性粒细胞内含有本菌即可确诊。

2. 皮内变态反应　用组织胞浆菌素在犬的肋部皮内注射0.1 mL，注射后48 h检查，局部有水肿或硬化即为阳性反应。

还可用胶乳凝集试验、琼脂凝胶扩散和荧光抗体等方法进行诊断。

【鉴别诊断】应注意与皮脂腺瘤、脓癣、深层脓皮症、其他皮肤肿瘤等相鉴别。

【治疗】组织胞浆菌病的病程相对较长，一般治疗期限为4～6个月，常用的治疗药物有伊曲康唑、氟康唑、两性霉素等。伊曲康唑，5～10 mg/kg，每天1次；氟康唑，3～5 mg/kg，每天1次。

两性霉素B和利福平联合用药，对本病的治疗有协同作用。利福平，10～15 mg/kg，口服；两性霉素 B，0.25～0.5 mg/kg，缓慢静脉滴注，隔日 1 次，2 周为 1 个疗程。

5-氟胞嘧啶，250 mg/kg，口服，每天 3 次，可与两性霉素 B 联合用药，主要用于猫，犬偶见药疹，应慎用。

局限性皮肤损伤或肺部局限性损伤的，可以手术切除。同时应加强营养，给予平衡营养的饮食和适量的 B 族维生素、维生素 C，有利于本病的康复。

【预防】给予全面营养，提高机体抵抗力是预防本病的关键。保持环境卫生，远离潮湿环境，尤其是有禽类和蝙蝠粪便堆积的场所，防止接触或吸入病原体。发现病犬、猫应及时隔离治疗，并对排泄物、分泌物及其被污染的环境进行彻底消毒。

七、孢子丝菌病

孢子丝菌病是由申克孢子丝菌引起的人和动物皮下感染的一种慢性真菌病，临床上以皮肤和皮下组织及周边淋巴管发生病变，出现结节状病灶，并形成顽固性溃疡为特征。

【病因】孢子丝菌为双相真菌，广泛存在于自然界，马为本菌的自然宿主。主要通过破损的皮肤伤口感染本病。孢子丝菌通过损伤的皮肤或黏膜进入体内，是否能引起病症主要取决于宿主孢子丝菌的增殖与宿主防御能力。机体免疫力低下时，病原菌进入机体后，孢子进行大量繁殖，通过血循环播散全身而引发播散型孢子丝菌病。

【症状】本病属于慢性传染病，潜伏期较长，一般为 3～12 周，依据临床症状可分为局限皮肤型、皮肤淋巴管型和播散型 3 种。

1. 局限皮肤型 又称固定型，该型感染常伴有外伤史，临床上以形态多样的皮损为特征，皮损多见于面部和四肢、胸腹部等部位，表现为暗红色结节或斑块、肉芽肿性损害、皮下囊肿、丘疹或脓疱、鳞屑等。典型症状为病初可见小而无触痛的丘疹，或偶尔表现为缓慢扩展的皮下结节，患处被毛脱落，逐渐出现坏死，随后病灶出现溃疡和糜烂。

2. 皮肤淋巴管型 孢子由外伤处植入，在局部形成球形、可活动、无痛结节，质硬有弹性，与皮肤无粘连，颜色逐渐由粉红色变为紫红色，最后中央坏死、溃疡形成、结痂。病情加重时，皮损沿淋巴管播散，向心性出现新的结节，排列成串，呈带状分布，并伴有淋巴管炎。患病动物出现精神萎靡，食欲减退，低热，无力等症状。

3. 播散型 又称内脏型或系统型孢子丝菌病，多见于免疫力低下的动物，由于孢子丝菌侵害的器官不同，临床表现各异，多见骨骼和肺部结节样病变。

【诊断】当皮肤上出现成串的结节和溃疡，破溃后流出红色液体，应首先怀疑本病，确诊需进行病原学检查。常用的方法有直接镜检法、真菌培养、孢子丝菌素皮内注射试验等。

1. 直接镜检 取溃疡边缘组织或组织液、脓液或囊肿穿刺液等病变组织，涂片，染色镜检，在巨噬细胞、中性粒细胞内或细胞外，见有雪茄样或梭形分生孢子，即可诊断。

2. 真菌培养 在沙氏培养基上培养，初期（3～4 d）可观察到散在的、针尖大小、乳白色、表面平滑湿润、中央微凸的酵母样菌落；后期（2～4 周）菌落中央呈咖啡色，略隆起有皱褶，表面有灰白色短绒状菌丝，放射状生长，形成浅色与深色相间的同心环。镜下可见，菌丝较细，两侧有直角侧生的分生孢子柄，顶端有呈“花瓣样”排列的小分生孢子，呈圆形或梨形，有些孢子沿菌丝两侧羽状着生，呈“袖套”状排列。

3. 皮内注射试验 1∶1000 孢子丝菌素 0.1 mL 耳背部皮内注射，24～48 h 注射部位出现结节为阳性。

【鉴别诊断】应注意与其他真菌和细菌感染、皮肤肿瘤等疾病相鉴别。

【治疗】局限皮肤型和皮肤淋巴管型孢子丝菌病首选碘化钾或碘化钠治疗，犬 40 mg/kg，猫 20 mg/kg，配成 10%溶液口服，每天 1～2 次，连用 3～4 周。猫对碘制剂较敏感，服药后如出现呕吐、厌食、颤抖、体温降低和心血管异常等反应时，应停止用药。也可用特比萘芬、伊曲康唑、氟康唑等药物口服治疗，同时配合局部温热疗法，早晚各 1 次，每次 30 min，外敷碘化钾软膏，效果较好。

播散型孢子丝菌病可用伊曲康唑、氟康唑、两性霉素 B 和灰黄霉素等抗真菌药物治疗，配合应用 5-氟胞嘧啶，效果较好。

除顽固病例外，对病变部位应尽量避免外科切除手术，以防脓肿和溃疡沿淋巴管扩散或恶化。

【预防】孢子丝菌为腐物寄生菌，应让犬、猫远离腐烂的柴草、芦苇、苔藓、腐殖土等环境，对已感染患病的动物，应予以隔离。当出现外伤时，应及时清洗、消毒，并涂布碘酊，防止感染。加强营养管理，提高机体抵抗力，平时饲喂含碘食物可预防本病。

八、芽生菌病

芽生菌病是由于感染了皮炎芽生菌而引起的一种慢性真菌性传染病。临床上以肺部和皮肤等组织器官出现化脓性肉芽肿病变为特征。

【病因】本菌属土壤、木材的腐生菌，为双相真菌，常常存在于潮湿、酸性环境或含有朽木、动物粪便及其他有机质的土壤中。主要通过吸入浮生真菌孢子或皮肤伤口感染。幼犬发病率高，猫发病率低。

本菌的分生孢子进入机体后，通过肺巨噬细胞的吞噬作用，产生化脓性或脓性肉芽肿炎症反应。本菌在犬、猫可扩散至皮肤、皮下组织、眼、淋巴结及中枢神经系统等部位。

在本病流行的地区，本菌常呈散发型，感染动物（酵母菌型）不传染其他动物和人，但真菌培养物（菌丝型）具有高度传染性。

【症状】芽生菌病的潜伏期为 5～12 周，各个年龄段的犬均易感，但 2～4 岁犬更易感，临床上公犬比母犬易感。

本病根据其发病部位和临床症状可分为肺型、皮肤型、眼型三种。

1. 肺型　本菌侵入机体后，首先引起肺部发生感染，患犬表现为体温升高，精神沉郁，食欲下降，身体消瘦，时常表现干咳和呼吸困难。

2. 皮肤型　皮肤型由肺型演变而来。芽生菌由肺蔓延至未发病的皮肤后，可见在皮肤上出现单个或多个丘疹或脓疱，在数周或数月后演变为肉芽肿或化脓性病灶甚至溃疡灶。病变多见于头部、肢体末梢皮肤。

3. 眼型　常出现眼球突出、畏光、流泪和角膜混浊，最终可导致失明。

4. 其他临床表现　可侵害关节和骨髓，出现跛行，部分还可出现生殖道感染，表现为睾丸炎、前列腺炎或乳腺炎等。

猫芽生菌病发病较少，临床症状也与犬相似，但是，猫大脑中枢神经系统的发病率比犬高。

【诊断】

1. 细胞学检查　取脓汁或痰液，加 10%氢氧化钾，加盖玻片，静置 10 min 左右，透明后镜检，可见有单个的或出芽的，呈圆形或卵圆形，壁厚而又折光性，具有双层细胞壁的芽生孢子即可诊断。

2. 皮肤组织病理学 表现为结节至弥散的脓性或化脓性肉芽肿病变，有粗大的双层厚壁，基部宽大的芽生酵母菌，即可诊断。

3. 真菌培养 取脓汁或痰液接种于沙氏葡萄糖琼脂培养基上，在24℃下培养2周，可见菌丝型菌落。在血液琼脂培养基上37℃培养为酵母型菌落。

【鉴别诊断】应注意与嗜酸性肉芽肿、猫无痛性溃疡、脓癣、皮脂腺瘤、异物反应和其他皮肤肿瘤等疾病相鉴别。

【治疗】伊曲康唑，5～10 mg/kg，每天2次，连用5 d。两性霉素B，犬5～10 mg/kg或猫0.25 mg/kg，静脉注射，每周3次，直至累计剂量达到犬12 mg/kg或猫8 mg/kg。如果是单发结节，可考虑手术切除。

【预防】本病除患有严重的脑部或肺部感染的病例外，其他病例预后良好。感染犬、猫不传染其他动物和人，但真菌培养的菌丝体具有高度的感染性。

任务反思

1. 怎样诊断和治疗犬马拉色菌性皮炎?
2. 怎样诊断和治疗皮肤癣菌病?
3. 简述真菌性皮肤病常见的治疗药物及使用方法。
4. 简述白念珠菌的鉴别诊断要点。
5. 简述真菌性肉芽肿的鉴别诊断要点。
6. 怎样预防和治疗猫的反复复发性皮肤癣菌病?

任务三　寄生虫性皮肤病

扫码看彩图

任务目标

能辨别常见寄生虫性皮肤病的临床症状，准确识别常见的皮肤寄生虫，学会常见寄生虫性皮肤病实验室诊断方法，能对不同类型的寄生虫性皮肤病进行合理的药物治疗。

任务准备

一、疥螨

疥螨属真螨目，疥螨科，是一种永久性寄生螨类（图2-3-1）。引起犬疥螨病的病原主要是疥螨科，疥螨属的犬疥螨。螨体近乎圆形，呈微黄白色，背面隆起，粗糙，有锥突、鳞片和刚毛。腹面扁平，有四对短粗的足，足上有爪和吸盘，有一假头，口器较短。雌螨体长0.33～0.45 mm，宽0.25～0.35 mm；雄螨体长0.2～0.23 mm，宽0.14～0.19 mm。虫卵呈椭圆形。

疥螨为不完全变态的节肢动物，其发育过程包括卵、幼虫、若虫和成虫 4 个阶段。疥螨的致病作用是由于挖掘隧道引起皮损所致，而其分泌物、代谢产物以及死螨尸体可引起过敏反应，使宿主发生奇痒。在引起皮损的初期，仅限于隧道入口处发生针尖大小的疱疹，但经患病动物搔破，可引起血痂和继发感染，产生脓疱、毛囊炎或疖病，严重时可出现局部淋巴结炎，甚至产生蛋白尿或急性肾炎。

二、耳痒螨

耳痒螨的生活史为不完全变态，在犬体内完成其发育过程，包括卵、幼虫、若虫和成虫 4 个阶段（图 2-3-2），其中雄螨为 1 个若虫期，雌螨为 2 个若虫期。仅寄生于动物的外耳道，以脱落的上皮细胞为食，完成生活史需要 3 周。雄虫体节不发达，每个体节后节上有 2 根长的和 2 根短的刚毛，雄虫体长 0.35～0.38 mm，其第 3 对足末端有 2 根细长的毛；雌虫体长 0.46～0.53 mm，第 4 对足不发达，不能伸出虫体边缘，雌虫第 3、4 对足无吸盘。

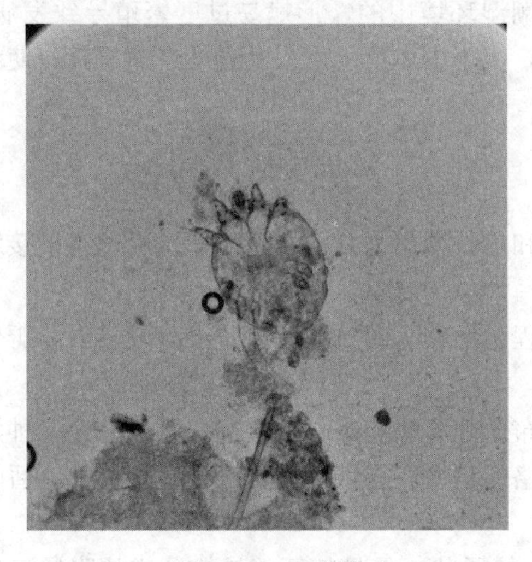
图 2-3-1 犬疥螨

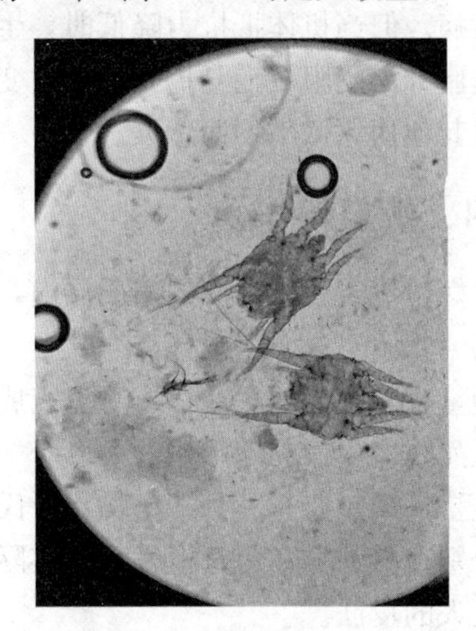
图 2-3-2 耳痒螨

耳痒螨寄生于犬、猫的外耳道，导致犬、猫耳部奇痒，不停磨蹭地面硬物、摇头抓耳，会使犬继发化脓性中耳炎与外耳炎。严重者会导致混合感染引起脑膜炎等。

三、蠕形螨

蠕形螨在分类上属于节肢动物门，蛛形纲，蜱螨目，辐螨亚目，蠕形螨科，是永久性寄生虫。犬蠕形螨虫体长，呈蠕虫样，半透明乳白色，雄虫体长 0.22～0.25 mm，宽 0.04～0.045 mm，雌虫体长 0.25～0.3 mm，宽 0.04～0.045 mm。虫体分为头、胸、腹三部分（图 2-3-3），头部由 1 对触须和不成对的吸管组成，从胸部分出 4 对短而粗的腿。雄虫虫体交合器位于背部，雌虫虫体的阴门在虫体的腹面。

犬蠕形螨整个发育过程均在犬体上进行，发育过程包括卵、六足幼虫、八足若虫和八足成虫，蠕形螨虫卵孵化后，由幼虫经若虫长至成虫到死亡，生命周期为 15 d 左右。虫体除寄生于体表的毛囊和皮脂腺外，还可在淋巴管和其他组织内寄生。

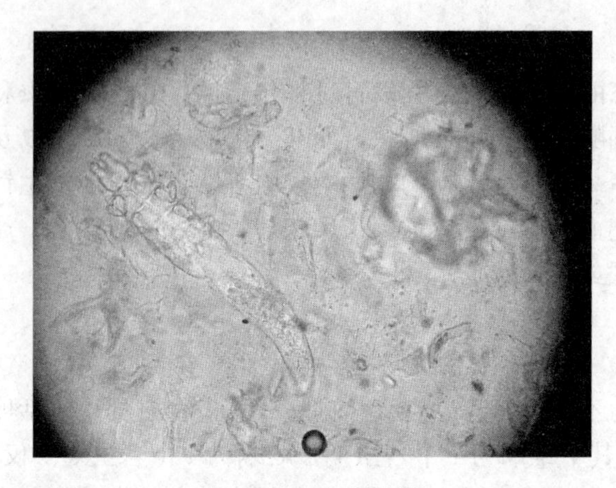

图 2-3-3　犬蠕形螨

犬蠕形螨为永久性寄生，条件致病性寄生虫。健康的幼犬皮肤常有少量的蠕形螨存在，但不发病。但当机体抵抗力降低时，生活在高温潮湿环境中的蠕形螨易过度繁殖导致发病。引起皮脂分泌受阻、毛囊扩张，上皮变性；同时，由于虫体反复出入毛囊携带病原菌，使犬常继发其他病原微生物而感染。

四、姬螯螨

犬姬螯螨寄生于皮肤的角质层内，以组织液和皮肤鳞屑为食。本病传播是通过直接接触进行的。

姬螯螨整个生活史在宿主身上完成。发育过程包括卵、幼虫和两个若虫阶段，虫卵孵化至成虫死亡，生命周期平均 3～5 周。

姬螯螨属主要有三种姬螯螨：牙氏姬螯螨、布氏姬螯螨和寄食姬螯螨。虽然上述三种姬螯螨分别在犬、猫和兔身上发现，实际上并无严格的宿主特异性。而且三种姬螯螨都能暂时寄生于人的皮肤。

姬螯螨虫体很大（图 2-3-4），4 对腿的末端呈梳子状，最具特征的是钩子样的附属口器或触须，称为螯针，这是与其他螨虫鉴别的重要标志。

图 2-3-4　猫姬螯螨

姬螯螨是在皮肤表面寄居的、不打洞的螨虫，寄生在宿主的表皮角质层，在鳞屑形成的假隧道内快速移动，会定期用螯针刺入表皮，将自己牢牢固定在皮肤上。姬螯螨又称为“移动的鳞屑”，是因为吸饱液体后的虫体看起来很像能移动的表皮碎屑。姬螯螨的虫卵与虱子卵的形态接近，二者都是黏附在毛干上，区别在于姬螯螨虫卵较小，而虱子卵较大，肉眼可见。

姬螯螨不是捕食其他螨虫的肉食螨，而是无法离开宿主的专性寄生虫。最强壮的雌虫离开宿主后存活时间不超过 10 d。虫卵可以随毛发脱落至环境中成为感染源。

五、蜱

蜱俗称狗豆子或壁虱。为褐色，长卵圆形，背腹扁平，芝麻粒至大米粒大小的外寄生虫（图 2-3-5）。雌蜱吸饱血后，虫体可迅速膨胀。蜱的卵较小，呈卵圆形，一般为黄褐色。蜱的幼虫、若虫和成虫分别在 3 种宿主上寄生，吸饱血后离开宿主，落地进行蜕皮或产卵。蜱通常附着在犬、猫的头、耳、脚趾上吸血，其附着部的皮肤受到刺激并出现炎症反应。通常只有幼犬、猫被蜱严重感染才出现贫血，而这种因蜱造成的贫血和蜱麻痹的现象在家庭饲养中非常少见。

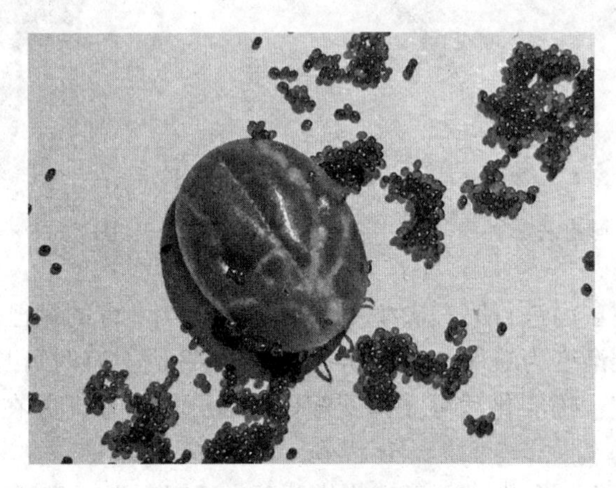

图 2-3-5 蜱虫及卵

蜱病的发生有明显的季节性和地域性，蜱对环境周期性变化有较强的适应能力，通常在一年的温暖季节活动，尤其是在惊蛰至秋分一段相对集中以时间里。北方地区主要受硬蜱中以血红扇头蜱为主的几种蜱的危害，其中血红扇头蜱生活周期约 50 d，一年可繁殖三代。尤其在暖冬之后且春季气温回升较快的条件下更易提前暴发。

蜱对犬、猫造成的危害，一方面是由于蜱本身对犬、猫皮肤的叮咬和吸食血液，造成皮肤损伤和营养不良；更重要的是在蜱虫叮咬过程中，可造成以血液原虫病之一的犬巴贝斯虫病为主，包括犬钩端螺旋体病、犬立克次体病在内的多种“虫媒病”的发生。

六、虱

虱虫是寄生于犬、猫等动物的体表，并以吸食血液为主的一种外寄生虫，分布于世界各地。犬啮毛虱外形短宽，长约 2.0 mm，黄色并带有褐斑，卵黏附在被毛基部。猫毛虱颜色为黄色至棕褐色，长 1.0～1.5 mm，卵黏附在被毛上（图 2-3-6）。

七、蚤

蚤属于昆虫纲、蚤目，是哺乳动物和鸟类的体外寄生虫（图 2-3-7）。蚤生活史为全变态，包括卵、幼虫、蛹和成虫 4 个阶段。卵椭圆形，长 0.4～1.0 mm，初产时白色、有光泽，以后逐渐变为暗黄色。卵在适宜的温度、湿度条件下，经 5 d 左右即可孵出幼虫。幼虫形似蛆且小，有三龄期，体白色或淡黄色，头部有咀嚼式口器和 1 对触角，无眼、无足，每个体节上均有 1～2 对鬃。幼虫活泼，爬行敏捷，在适宜条件下经 2～3 周发育，蜕皮 2 次即变为成熟幼虫，体长可达 4～6 mm。

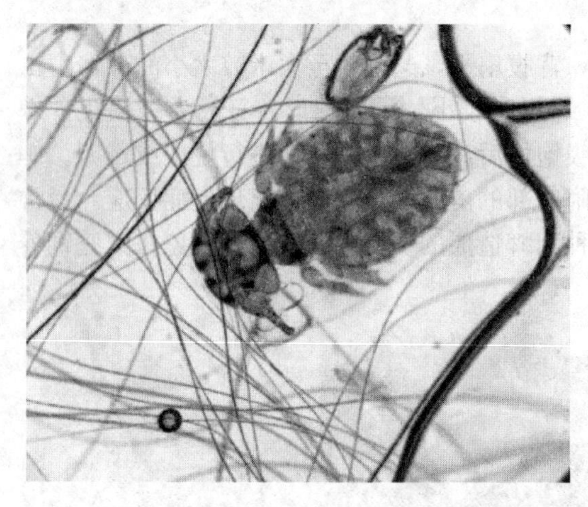

图 2-3-6　虱虫及卵

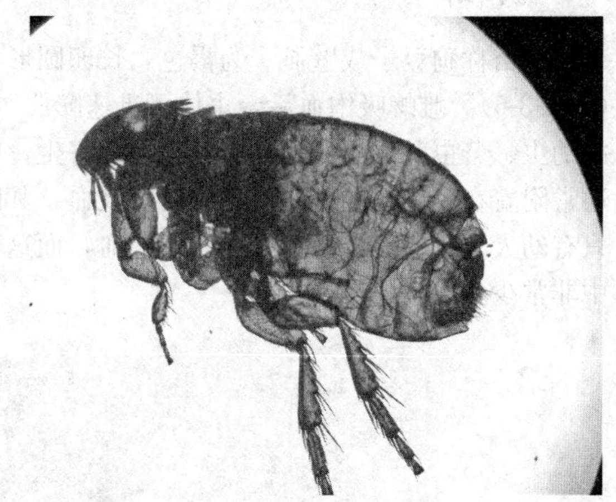

图 2-3-7　蚤（成虫）

成熟幼虫作茧，在茧内进行第三次蜕皮，然后化蛹。发育的蛹已具成虫雏形，头、胸、腹及足均已形成，并逐渐变为淡棕色。蛹期一般为 1～2 周，有时可长达 1 年，其长短取决于温度与湿度是否适宜。蛹羽化后可立即交配，然后开始吸血，并在 1～2 d 后产卵。雌蚤一生可产卵数百个。

侵害犬、猫的跳蚤主要是犬栉首蚤和猫栉首蚤。可引起犬、猫的皮炎和皮肤过敏，也是犬绦虫的传播者。猫栉首蚤主要寄生于猫、犬，而犬栉首蚤只限于犬和野生犬科动物。栉首蚤的个体大小变化较大，雌蚤长，有时可超过 2.5 mm，雄蚤则不足 1 mm。成蚤在犬被毛上产卵，卵从被毛上脱落进入环境，在适宜的环境条件下经过 2～3 周孵化，即从卵发育为成年跳蚤。犬、猫是通过直接接触或进入有成年跳蚤的环境而感染。

八、钩虫

犬钩虫在分类学上属于钩口科钩口属、弯口属，其虫体刚硬呈淡黄色，口囊发达，口囊前腹面两侧有 3 个钩齿且向内弯曲；雄虫长 10～12 mm，雌虫长 14～16 mm。虫卵钝椭圆形、浅褐色，内含 8 个卵细胞。

成熟的雌虫产卵，虫卵随粪便排出体外，在适宜的条件下（20～30℃）经 12～30 h 孵化出幼虫；幼虫再经一周时间蜕化为感染性幼虫。感染性幼虫被犬吞食后，幼虫钻入食道黏膜，进入血液循环，最后经呼吸道、喉头、咽部被咽入胃中，到达小肠发育为成虫。第二种感染的途径是：感染性幼虫进入皮肤，钻入毛细血管，随血液进入心脏，经血液循环到达肺部，移行至肺泡和细支气管，再经支气管、气管，随痰液到达咽部，最后随痰被吞咽至胃中，进入小肠内发育为成虫。妊娠的母犬，幼虫在其体内移行过程中，通过胎盘到达胎儿体内，导致胎儿感染。幼虫在母犬体内移行过程中，可进入乳腺组织，当幼犬吸吮乳汁时，可使幼犬感染。

任务实施 >>>>>>>>>>>>>>>>>>>>>>>>>>>>>>>>>>>>>>>

寄生虫性皮肤病防治

一、疥螨病

犬疥螨病是由疥螨引起的接触性、传染性皮肤病，俗称“癞皮病”。主要寄生于人和哺乳动物的角质层，并在角质层内打洞、产卵，以表皮碎屑和组织液为食。临床上以剧烈瘙痒、丘疹、痂皮、鳞屑、脱毛和皮肤自我损伤为特征。

【病因】犬疥螨是通过直接接触而感染的。雄螨和雌螨在皮肤表面进行交配后，雌螨在犬皮肤角质层内挖凿隧道，并在隧道内产卵，卵经 3～8 d 孵化，孵出的幼虫移至皮肤表面蜕皮，相继发育为一期若虫、二期若虫和成虫。雌螨的寿命一般为 4～5 周。雄螨交配后留在隧道内或自行挖凿隧道进行短期生活后很快死亡。疥螨的整个发育过程为 8～22 d，平均 15 d。

【症状】主要表现为脱毛，皮肤变厚，出现红斑、小块痂皮和鳞屑，剧烈瘙痒引起皮肤自损，继发细菌感染。疥螨常寄生在耳缘皮肤，严重时肘部、跗关节等压力点皮肤也被感染。

幼犬感染疥螨后，症状比较严重，病变多起始于耳部，病犬剧烈瘙痒，抓耳挠腮，而后波及鼻梁、眼眶、胸部、躯干和四肢。病灶处皮肤发红、丘疹，表面有大量麸皮样鳞屑，进而皮肤增厚，被毛脱落，表面覆盖痂皮，皮肤皲裂。

由于病犬被螨虫长期慢性刺激，病犬终日不停啃咬、抓挠、摩擦患处，使其烦躁不安，影响休息和正常进食。

【诊断】根据病史和临床症状，表现为剧烈瘙痒，耳足反射为阳性，可初步诊断，确诊需要进一步实验室检查。

皮肤刮取物或胶带粘贴显微镜检查发现疥螨虫体或虫卵即可确诊。

【鉴别诊断】应注意与荨麻疹、跳蚤叮咬性皮炎、虱病、食物过敏、脓皮症、马拉色菌性皮炎、耳痒螨感染等进行鉴别。

【治疗】可用 1%伊维菌素注射液，犬 0.2～0.3 mg/kg，皮下注射，每周 1 次，连用 4 次；也可用 1%伊维菌素注射液涂抹于耳缘，每周 2 次，连用 6 次，效果较好。柯利犬或具有柯利犬血统的犬慎用本品。

双甲脒乳液，药浴，一次 15～20 min，每周 1～2 次，连用 3～6 次。方法是将 10 mL 的 12.5%双甲脒乳液加入 5 L 水中进行药浴。药浴前让患犬充分饮水，以防止舔食中毒。

赛拉菌素，主要用于治疗犬、猫的蛔虫、钩虫、疥螨、跳蚤和虱虫的感染，同时可预防犬、猫的心丝虫病。以赛拉菌素计，犬、猫 6 mg/kg，皮肤外用，每月 1 次。主要用于 6 周龄以上的犬、猫。

怀疑疥螨感染时，即使皮肤刮片、胶带粘贴检查为阴性，也应该尝试治疗。

【预防】 平时加强饲养管理，保持环境干燥、清洁，并做好夏季环境杀虫和犬、猫体外驱虫工作。

二、耳痒螨病

耳痒螨病是由耳痒螨属犬耳痒螨引起的高度接触性传染病，主要寄生于耳道，也可移行至颈部、臀部和尾巴部位，是临床上常见的寄生虫性皮肤病之一。

【病因】 本病多发于冬、春和秋末，主要通过健康犬与病犬直接接触或通过被耳痒螨及其虫卵污染的犬舍、用具间接接触引起感染。

【症状】 主要表现为耳道发炎、充血，耳道内有多量红褐色或灰白色分泌物，局部有少量脱毛、皮炎伴有轻微抓痕，外耳道耳垢较多，渗出物堆积耳道且有腥臭味。有的患犬耳部内侧皮肤潮红、糜烂，体表散布多量血痂并形成脱毛区。患犬经常出现摇头、搔抓耳部等表现。

【诊断】 根据病史和临床症状，双侧耳炎，典型的棕色干酪样渗出物，可初步诊断，确诊需要进一步实验室检查。

耳道分泌物显微镜检查见耳痒螨虫体或虫卵即可确诊。

【鉴别诊断】 应注意与细菌性外耳炎、马拉色菌性外耳炎、中耳炎、疥螨病、耳道肿瘤等相鉴别。

【治疗】 可用洗耳液清洁耳道，清除耳道内红褐色分泌物，再用1%伊维菌素注射液，5倍生理盐水或洗耳液稀释后均匀涂布耳道内，每周1次，连用4～6次；柯利犬或具有柯利犬血统的犬慎用本品。

赛拉菌素，犬、猫6 mg/kg，皮肤外用，每月1次。主要用于6周龄以上的犬、猫。

多拉菌素，0.2 mg/kg，皮下注射，每周1次，连用4～6次。

吡虫啉莫昔克丁滴剂，是一种有效成分是每0.1 mL含吡虫啉10 mg和莫昔克丁2.5 mg的新型体内外驱虫药。主要用于预防和治疗犬、猫的跳蚤、虱虫、耳痒螨、蠕形螨和胃肠道线虫感染。以吡虫啉计，10 mg/kg（0.1 mL），皮肤外用，每月使用1次。预防或治疗期间，应防止舔舐。

【预防】 耳螨有高度的传染性，发现病犬要立即隔离，并对接触犬进行预防性杀螨。平时合理搭配日粮，保证营养全面，适当补充维生素、脂肪酸等营养保健品有助于病犬恢复。

三、犬蠕形螨病

犬蠕形螨病又称毛囊虫病或犬脂螨病，是由犬蠕形螨寄生于犬的毛囊、皮脂腺或淋巴组织而引起的顽固性皮肤疾病。主要表现为在犬的眼、耳、唇部皮肤脱毛，皮肤增厚发红，并形成与周围界限明显的红斑。本病常继发细菌、真菌感染，引起剧烈的瘙痒症状。

【病因】 本病以3～10月龄幼犬多发，主要通过垂直传播方式，由母犬传染哺乳期幼犬而感染本病。此外，顽固性脂溢性皮炎或长期使用皮质类固醇类药物也可诱发本病。

【症状】 犬蠕形螨病在临床上主要表现为三种形式，即局部蠕形螨病、全身性蠕形螨病和足部蠕形螨病。

1. 局部蠕形螨病 主要发生于3～10月龄的幼犬，通常病变较轻，部分幼犬可在1～2

个月内自愈。主要表现为患部脱毛，丘疹，并伴有不同程度的皮肤潮红和麸皮样脱屑；多数幼犬的病变出现在眼角、口角、面部和前肢皮肤。

2. 全身性蠕形螨病　主要发生于青年犬和老年犬。初期表现为全身散在性脱毛，红斑，病程较长时皮肤增厚和色素沉着，继发细菌或真菌感染时会引起剧烈的瘙痒症状，严重时可导致死亡。若同时伴有导致免疫力下降的全身性疾病如肿瘤、甲状腺功能减退、肾上腺功能亢进和长时间使用糖皮质激素等免疫抑制剂时，则预后较差。

3. 足部蠕形螨病　全身性蠕形螨病同时有足部病变或只有足部病变时称为足部蠕形螨病。初期症状不明显，并发足部脓皮症时症状加重，表现为足部脱毛、色素沉着、角质异常，严重时整个脚掌红肿、疼痛，继而出现跛行症状。

【诊断】根据病史和临床症状可初步诊断，确诊需要进一步实验室检查。

虽然健康犬、猫皮肤上有少量蠕形螨存在，但几乎不可能在正常毛发镜检时找到它们。因此，发现蠕形螨即为疾病表现。

1. 刮片法　患部剃毛，挤压皮肤使毛囊内的虫体溢出，然后用钝手术刀片顺着毛发生长方向刮片，直至看到有轻度渗血。刮取物显微镜检，发现虫体或虫卵即可诊断。

2. 拔毛法　在局部症状明显部位拔毛，尤其在指间和面部难以用刮片方法取样时，将拔下的毛发镜检。

3. 透明胶带法　透明胶带粘贴于刮毛后的病灶区域，轻轻按压胶带，使胶带紧贴于患部皮肤上，揭下胶带贴于载玻片上显微镜检查，发现有各期虫卵或虫体即可诊断。

需要指出的是，发生蠕形螨病的成年犬通常潜在甲状腺功能减退、先天性肾上腺功能亢进、利什曼原虫病和肿瘤等病，因此，应同时进行相应检查以获取更多诊断信息。

对于慢性或反复复发病例，进行活组织检查可能是唯一有效的诊断方法。

【鉴别诊断】应注意与毛囊炎、脂溢性皮炎、马拉色菌性皮炎、浅表脓皮病、皮脂腺炎、落叶型天疱疮等进行鉴别。

【治疗】非易感品种，无家族病史的幼犬局部蠕形螨可能会自发消退。

治疗可用1%伊维菌素注射液，犬0.2～0.3 mg/kg，皮下注射，每周1次，连用4～6次；本品也可口服，犬0.4～0.6 mg/kg，每天1次，连用4～6周，为减少其不良反应发生，可同时与食物一起口服。柯利犬或具有柯利犬血统的犬慎用本品。

赛拉菌素，6～12 mg/kg，外用，2周1次，连用4次。多拉菌素，0.2 mg/kg，皮下注射，每周1次，连用4～6次。

吡虫啉莫昔克丁滴剂，以吡虫啉计，10 mg/kg（0.1 mL），皮肤外用，每月使用1次。预防或治疗期间，应防止犬舔舐。

氟雷拉纳片，是一种新型的异噁唑啉类杀虫剂和杀螨剂。主要用于治疗犬体表跳蚤、蜱虫、螨虫感染。以本品计，25～50 mg/kg，口服，每3个月使用1次。可用于妊娠期和哺乳期的犬，也可用于对伊维菌素敏感的柯利犬，禁用于8周龄以内的幼犬或体重低于2 kg的犬。

阿福拉纳片，主要用于治疗犬跳蚤、蜱虫感染。以本品计，犬2.5 mg/kg，口服，每月使用1次。孕犬、8周龄以内和体重低于2 kg的犬慎用本品。

含硫浴液作为皮肤病常用的治疗药物，具有抗细菌、抗真菌、抗寄生虫和激活毛囊、促进角质溶解等作用，可与水杨酸钠配合使用，后者可增强硫黄的角质溶解反应。其混合液可用于杀螨，也可用于皮肤真菌、脂溢性皮炎、脓皮症的治疗。注意在使用时浴液浓度不宜过高，以免对皮肤造成损伤。

犬蠕形螨在感染过程中，常常继发脓皮症和马拉色菌性皮炎，因此蠕形螨治疗时应配合抗生素和抗真菌药物治疗。

【预防】定期口服异噁唑啉类杀虫剂和杀螨剂，预防繁殖母犬患蠕形螨病，以防止母犬传染给幼犬。母犬应进行绝育，预防复发和传递给后代。避免长期使用类固醇类药物。

犬蠕形螨以垂直传播方式为主，对新购幼犬应仔细观察，及早发现和预防；对免疫力低下的老年犬和潜在内分泌性疾病的患犬定期药浴以预防本病。

四、猫蠕形螨病

猫蠕形螨是由两种不同的蠕形螨引起的皮肤病，包括猫蠕形螨和戈托伊蠕形螨，前者体型较长，主要寄生于毛囊内；后者体型较短，主要寄生于皮肤角质层内。感染可能是局灶性或全身性。戈托伊蠕形螨有传染性，常引起瘙痒性皮肤病。

【病因】猫蠕形螨感染常与潜在的免疫抑制或代谢性疾病有关。如猫免疫缺陷病毒、猫白血病、弓形虫病和糖尿病等。

【症状】猫蠕形螨引起的全身性蠕形螨病很罕见，局部性蠕形螨病病变部位多在眼睑和眼周、头部和颈部，也可能蔓延至躯干和四肢。病变包括红斑、鳞屑、结痂、色素过度沉着和脱毛斑块等。

【诊断】根据病史和临床症状可初步诊断，确诊需要进一步实验室检查。

1. 显微镜检查 患处剃毛，刮取皮肤分泌物，显微镜下观察，若发现蠕形螨成虫、若虫、幼虫或卵即可诊断。

2. 皮肤组织病理学 可见轻度至中度化脓性血管周围炎，角质层或毛囊内有蠕形螨，同时伴发不同程度的炎性细胞浸润。

【鉴别诊断】主要与皮肤癣菌病、耳螨、猫食物过敏症、猫精神性脱毛等进行鉴别。

【治疗】首先要确定并纠正诱因，在显微镜检中可能很难找到戈托伊蠕形螨。

治疗可用吡虫啉莫昔克丁滴剂，以有效成分吡虫啉计，10 mg/kg（0.1 mL），皮肤外用，每月使用1次。预防或治疗期间，应防止猫舔舐。

本病对石硫合剂治疗反应良好。使用2%～4%的石硫合剂，每周1次，持续4～8周。常在3～4周内可见临床症状改善。所有密切接触的猫都应进行治疗并防止再次感染。

五、姬螯螨病

姬螯螨病是由于姬螯螨寄生于皮肤角质层内，引起以轻度非化脓性皮炎和瘙痒为典型症状的寄生虫病。

【病因】姬螯螨是高度接触传染的寄生虫，尤其在幼年动物之间。犬或猫身上的螨虫可能感染给人。

姬螯螨主要生活在皮肤角质层和鳞屑上，仅在皮肤上采食，不打洞。全程在宿主上寄生。

【症状】姬螯螨造成轻度瘙痒，在犬、猫的背部、臀部、头部可见大量鳞屑，但也有的犬带虫但无临床症状。

【诊断】 根据病史和临床症状可初步诊断，确诊需要进一步实验室检查。皮肤刮取物或胶带粘贴采样显微镜检查见到姬螯螨虫体即可确诊。

【鉴别诊断】 应注意与脂溢性皮炎、疥螨病、皮肤营养不良、蠕形螨病、虱病和跳蚤感染等疾病相鉴别。

【治疗】 治疗可用双甲脒乳液，药浴，一次 15～20 min，每周 1～2 次，连用 3～6 次；方法是将 10 mL 12.5%的双甲脒乳液加入 5 L 水中进行药浴。

赛拉菌素，犬、猫 6 mg/kg，皮肤外用，每月 1 次。主要用于 6 周龄以上的犬、猫。

吡虫啉莫昔克丁滴剂，以有效成分吡虫啉计，10 mg/kg（0.1 mL），皮肤外用，每月使用 1 次。预防或治疗期间，应防止犬、猫舔舐。

【预防】 定期驱虫，环境杀虫，同时加强饲养管理，可有效预防本病发生。此外，宠物主人与患宠密切接触可引起人的皮肤病变，应进行预防。

六、蜱病

蜱病通常是指由寄生在动物体表的一类节肢动物——蜱，引起的人兽共患的外寄生虫病。临床上可造成动物厌食、贫血、体重减轻和代谢障碍。

【病因】 通常以直接接触和间接接触方式传播本病，当宠物接触被蜱虫污染的草地、树林或与被蜱虫感染的牛、羊接触而感染本病。尤其在夏秋季节，蜱虫活动频繁，常常爬附在树叶、草丛或被污染的垫料上，当宠物经过时被感染。

蜱虫是许多虫媒性疾病，如病毒、细菌、寄生虫、钩端螺旋体等的传播媒介和贮存宿主，可造成更严重的间接危害。

【症状】 蜱虫寄生于宿主皮肤，大多数症状不明显，无痛、不痒，往往在动物洗澡时被发现。蜱虫拔除后，其叮咬部位出现充血、水肿、发炎，有瘙痒表现；当蜱虫大量寄生时可引起动物贫血、消瘦和营养不良，严重时引起后肢麻痹；当蜱虫寄生于趾间时可引起动物跛行。

【诊断】 对蜱病的诊断比较容易，发现动物皮肤上有蜱虫即可确诊。但应注意由蜱虫传播的虫媒性疾病。

【鉴别诊断】 应注意与蚤病、虱病、昆虫叮咬性皮炎、钩虫性皮炎等进行鉴别。

【治疗】 首先用机械清除的方法，摘除全身可见的蜱虫，患部涂抹抗菌药膏。然后，1%伊维菌素注射液，犬 0.2～0.3 mg/kg，皮下注射，每周 1 次，连用 4～6 次；赛拉菌素，外用，6～12 mg/kg，2 周 1 次，连用 4 次；多拉菌素，0.2 mg/kg，皮下注射，每周 1 次，连用 4～6 次。

非泼罗尼甲氧普烯，主要用于治疗犬跳蚤、蜱虫感染。有外用滴剂和喷剂两种剂型，每月使用 1 次。主要用于 8 周龄以上的犬、猫。

二氯苯醚菊酯吡虫啉，有效成分是每 0.1 mL 含吡虫啉 10 mg 和二氯苯醚菊酯 50 mg，是一种新型体外驱虫药。主要用于预防和治疗犬体表跳蚤、蜱虫、虱虫感染，并可用于辅助治疗因跳蚤叮咬引起的过敏性皮炎。以吡虫啉计，10 mg/kg（0.1 mL），皮肤外用，每月使用 1 次。妊娠期及哺乳期的母犬也可使用本品，但勿用于猫。

吡虫啉氟氯苯氰菊酯驱虫项圈，有效成分为吡虫啉和氟氯苯氰菊酯。主要用于预防和治疗犬、猫的跳蚤、蜱虫、虱虫感染，持续药效可达 7～8 个月。同时可抑制幼蚤发育，保护动物周围环境。本品勿用于 7 周龄以下的幼犬和 10 周龄以下的幼猫。

沙罗拉纳片，主要用于预防和治疗犬跳蚤、蜱虫感染。以沙罗拉纳计，犬 2 mg/kg，口服，每月 1 次。或根据当地情况，在跳蚤、蜱虫流行季节持续给药。

阿福拉纳片，以本品计，犬 2.5 mg/kg，口服，每月使用 1 次。孕犬、8 周龄以内和体重低于 2 kg 的犬慎用本品。需要注意的是，跳蚤和蜱虫必须接触宠物的皮肤并开始刺入时才可接触到药物成分，因此不能排除通过寄生虫为媒介进行疾病传播的风险。

使用环境喷洒杀虫药时，需密切观察患病宠物表现，若有发热、贫血、四肢无力、黄疸、食欲下降等症状时需及时就诊。对于患病宠物，还应关注其发生虫媒性疾病的可能。

【预防】在蜱虫高发的夏秋季节，可用商品化的二氯苯醚菊酯吡虫啉、赛拉菌素、吡虫啉莫昔克丁等进行预防性驱虫或佩戴驱虫颈圈。对于外界环境应用喷雾杀虫剂定期杀虫。

七、虱病

由犬长颚虱和犬毛虱寄生于犬、猫体表引起的一种寄生虫性皮肤病。

【病因】虱病的发生与动物及环境的卫生状况有一定关系，主要通过被虱虫污染的环境或接触被感染的动物而发病。虱病往往更常见于冬季，整个生活史在宿主身上完成。同时，犬毛虱是犬复孔绦虫的传播媒介。

【症状】犬毛虱以鳞屑为食，造成瘙痒，犬因啃咬患部皮肤而引起皮损，严重时造成贫血和营养障碍。长颚虱以血为食，并分泌有毒的液体刺激皮肤，引起瘙痒。

【诊断】根据临床症状或见到虱和虱卵可做出诊断。

【鉴别诊断】应注意与蚤病、蜱病、疥螨病、昆虫叮咬性皮炎、钩虫性皮炎等进行鉴别。

【治疗】1%伊维菌素注射液，犬 0.2～0.3 mg/kg，皮下注射，每周 1 次，连用 4～6 次；本品也可口服，犬 0.4～0.6 mg/kg，每天 1 次，连用 2～3 周，可同时与食物一起口服。

其他治疗药物可参见蜱病治疗。

【预防】定期驱虫，加强日常管理，搞好环境卫生。经常洗澡和梳理被毛，保持皮肤卫生清洁。

八、蚤病

本病主要是由犬栉首蚤和猫栉首蚤引起的犬、猫体表寄生虫性皮肤病。可引起跳蚤叮咬过敏症，传播绦虫病等体内寄生虫病，长期寄生的跳蚤可引起动物发生贫血和营养不良，甚至死亡。

【病因】蚤病的发生与动物及环境的卫生状况有一定关系，主要通过被蚤和蚤卵污染的环境或接触被感染的动物而发病。蚤病更常见于夏秋季节，雌蚤在宿主身上吸血后产卵，卵没有黏性，掉落于环境中，在适宜环境下发育为成虫，感染宿主。跳蚤在吸血过程中会引起宿主严重的跳蚤过敏症。

【症状】主要表现为患犬、猫搔抓、啃咬、磨蹭患部皮肤，造成患部脱毛、丘疹、脓性渗出、结痂等症状；皮损部位往往集中于唇周、肛周、腰背部皮肤，大量感染时可引起大面积脱毛和贫血，甚至继发脓皮症。

【诊断】对于跳蚤的诊断较为简单，在皮肤上发现跳蚤或蚤粪即可诊断。

【鉴别诊断】 应注意与虱病、蜱病、疥螨病、异位性皮炎、食物过敏、马拉色菌性皮炎等相鉴别。

【治疗】 本病治疗以去除跳蚤，止痒和防止继发感染为原则。

1%伊维菌素注射液，犬 0.2～0.3 mg/kg，皮下注射，每周 1 次，连用 4～6 次；本品也可口服，犬 0.4～0.6 mg/kg，每天 1 次，连用 2～3 周，可同时与食物一起口服。

赛拉菌素，6～12 mg/kg，外用，2 周 1 次，连用 4 次。

0.25%非泼罗尼喷剂，6 mg/kg，外用，每 2 周 1 次，连用 2～3 次。也可用商品化的非泼罗尼复合制剂。主要用于 8 周龄以上的犬、猫。

吡虫啉，10 mg/kg，皮肤外用，每月使用 1 次。8 周龄下的未断乳犬、猫禁用本品。

除上述药物外，二氯苯醚菊酯吡虫啉、沙罗拉纳片、吡虫啉氟氯苯氰菊酯驱虫项圈也可治疗本病。

本病在驱虫的同时，应注意跳蚤叮咬引起的严重的过敏反应，患犬往往因搔抓引起脓性创伤性皮炎或脓皮症。因此，应进行抗过敏治疗和防止继发细菌感染。止痒可用奥拉替尼，0.4～0.6 mg/kg，每天 1～2 次，口服，连用 7～14 d；也可用泼尼松、泼尼松龙 0.5～1.0 mg/kg，每天 1～2 次，口服，连用 5～7 d。

同时注意环境杀虫和虫媒性疾病的发生。可用 0.4%二甲硅油进行环境喷洒，通过物理方式杀死环境中所有生长阶段的跳蚤；也可用昆虫生长调节剂，如吡丙醚、甲氧普烯喷剂或喷雾剂。

【预防】 搞好环境卫生，定期预防性驱虫和清洁皮肤。对环境用喷雾型杀虫剂定期驱杀环境中的跳蚤进行预防。

九、昆虫叮咬性皮炎

由某些昆虫叮咬皮肤后其体内毒液或唾液侵入皮肤引起的炎性反应。临床上以患病部位瘙痒、刺痛为特征。

【病因】 昆虫通过叮咬、蜇伤皮肤、经皮肤吸收过敏原而引起皮肤炎症。过敏原广泛存在于昆虫的唾液、排泄物、尸体及分泌的毒液中。如蜘蛛、苍蝇、蚊子和膜翅目昆虫所产生的过敏反应等。

【症状】 昆虫叮咬性皮炎又称“丘疹性荨麻疹”，由于昆虫种类的不同和机体反应性的差异，可引起叮咬处不同的皮肤反应。主要表现为患犬、猫搔抓、啃咬、磨蹭叮咬部位，造成局部脱毛、丘疹、水疱、脓性渗出等症状，由于明显痒感或刺痛，患犬、猫食欲下降、精神沉郁，偶有发热和神经症状。

【诊断】 诊断应结合病史、临床症状和排除其他类似疾病进行诊断。

【鉴别诊断】 应注意与疥螨、外伤、血管炎、异位性皮炎、食物过敏和自身免疫皮肤病等相鉴别。

【治疗】 本病的治疗应以止痒、止痛、防止搔抓患部为原则。局部可用抗菌药膏涂抹以防止继发感染，也可用含抗组胺或皮质类固醇成分的擦剂患部涂抹。同时佩戴项圈以防搔抓。

止痒可用马来酸氯苯那敏，0.1～0.5 mg/kg，口服，每天 2～3 次，直至症状消失。泼尼松或泼尼松龙，0.5～1 mg/kg，口服或皮下注射，每天 2～3 次，或以逐渐减量方法治疗；奥拉替尼，0.4～0.6 mg/kg，口服，每天2次，连用2周。继发感染时可给予抗生素治疗。

【预防】局部涂抹驱虫剂，防止叮咬，同时搞好环境卫生，定期预防性驱虫和清洁皮肤。

十、犬钩虫性皮炎

由寄生于犬的小肠内的钩虫幼虫侵入皮肤而引起的皮肤炎性反应。临床上以皮肤丘疹、水疱、结痂，同时伴有不同程度的瘙痒为特征。

【病因】本病主要发生于热带及亚热带地区，我国大部分地区均有本病流行。由犬钩虫和狭头钩虫的幼虫侵入患犬皮肤引起本病。多发生于炎热、潮湿的夏季。

【症状】症状轻重很大程度取决于感染程度。轻度感染时病犬表现贫血、消瘦、呕吐、腹泻等症状；严重时表现为食欲减退或废绝、便血或排泄带有腐臭味的“焦油样”血便。

若幼虫大量经皮肤侵入，可引起不同程度的皮炎症状，表现为患部丘疹、水疱、结痂、脓疱等，继发细菌感染时病情加重。少数病犬因大量幼虫移行至肺部，引起肺炎。

【诊断】根据病史和临床症状可初步诊断，确诊需要进一步实验室检查。

实验室检查用饱和盐水浮集法，显微镜下检查，检出特征性钩虫卵即可确诊。

【鉴别诊断】应注意与脓皮症、马拉色菌性皮炎、异位性皮炎、跳蚤过敏症等进行鉴别。

【治疗】可用左旋咪唑，5～10 mg/kg，口服，每天1次，连用3～5次；丙硫苯咪唑，10～15 mg/kg，口服，每天1次，连用3～5次；阿苯达唑，22 mg/kg，口服，每天1次，连用3～5次，必要时2周后可重复用药1次。

赛拉菌素，外用，6～12 mg/kg，2周1次，连用4次。多拉菌素，0.2 mg/kg，皮下注射，每周1次，连用4～6次。

1%伊维菌素注射液，犬0.2～0.3 mg/kg，皮下注射，每周1次，连用4～6次；本品也可口服，犬0.4～0.6 mg/kg，每天1次，连用2～3周，可同时与食物一起口服。

吡喹酮双羟萘酸噻嘧啶，为犬、猫用体内驱虫药。犬用为每片含非班太尔0.15 g、双羟萘酸噻嘧啶0.14 g、吡喹酮0.05 g；猫用为每片含双羟萘酸噻嘧啶0.23 g、吡喹酮0.02 g。主要用于预防和治疗犬、猫线虫、绦虫、钩虫和鞭虫感染。以吡喹酮计，犬、猫5 mg/kg，口服，每月1次。本品禁用于2 kg以内的犬和1 kg以内的幼猫。

米尔贝肟吡喹酮，主要用于预防犬心丝虫，驱除蛔虫、钩虫和鞭虫。预防心丝虫：犬0.25～0.5 mg/kg，每月1次；驱除蛔虫和钩虫：犬0.25～0.5 mg/kg，每月1次，至少连用2次；驱除鞭虫：犬0.5～1 mg/kg，每月1次，至少连用2次。

吡虫啉莫昔克丁滴剂，以有效成分吡虫啉计，10 mg/kg（0.1 mL），皮肤外用，每月使用1次。预防或治疗期间，应防止犬、猫舔舐。

【预防】及时清理粪便，发现或怀疑本病时积极治疗。对幼犬和健康成年犬要定期驱虫。

任务反思

1. 犬疥螨病的诊断要点有哪些？
2. 怎样合理治疗犬蠕形螨病？
3. 怎样合理预防犬蠕形螨病的复发？

4. 如何合理预防和治疗钩虫性皮炎？
5. 怎样预防夏季跳蚤和蜱虫等外寄生虫感染？
6. 如何鉴别诊断常见寄生虫性皮肤病？

扫码看彩图

任务四　过敏性皮肤病

任务目标

能辨别常见过敏性皮肤病的临床症状，学会常见过敏性皮肤病实验室诊断方法，能对不同类型的过敏性皮肤病进行合理的药物治疗。

任务准备

过敏反应

过敏反应又称变态反应、超敏反应，是指已经免疫的机体再次接触相同抗原时所发生的组织损伤或器官功能紊乱的病理性免疫反应。也即对某些已经接触过的物质过敏，产生一系列临床症状。多数在病因消除后或抗组胺药物治疗后症状减轻或消失，但部分可造成较严重的后果。

正常情况下，动物机体对进入体内的物质有两种处理方式。如果被机体识别为有用或无害物质，则这些物质与动物机体和谐相处，最终被消化吸收、利用或排出体外；如果这些物质被识别为有害物质时，机体的免疫系统会立即做出反应，将其去除或消灭，也即免疫应答。但是如果这种免疫应答超出了正常范围，对进入体内的无害物质也进行攻击时，这种现象称为变态反应或过敏反应。

造成变态反应的物质称为变应原或过敏原。过敏原通常是一些大分子的蛋白质或多肽，如食物（谷物、牛肉、羊肉、乳制品、鸡蛋、鱼虾等）、吸入物（尘螨、花粉、霉菌等）、寄生虫分泌物或毒素（跳蚤唾液、螨虫尸体等）、药物（抗生素、驱虫药等）、生物制品（疫苗、单克隆抗体、血清等）或物理因素（紫外线、浴液、消毒液等）等。当这些过敏原通过各种途径第一次进入动物体内时，可造成机体的致敏状态，如果这些物质再次进入机体后便可发生过敏反应。

过敏反应是一种疾病，无端的攻击会损伤正常的组织细胞，免疫系统甚至会对机体正常的组织细胞进行攻击和破坏，造成动物机体严重的器官损伤和功能障碍。根据过敏反应的特点，将其分为Ⅰ型（速发型）、Ⅱ型（细胞毒型）、Ⅲ型（免疫复合物型）和Ⅳ型（迟发型）过敏反应。

Ⅰ型又称速发型超敏反应，主要由IgE介导，针对环境或食物中的过敏原引起。当过敏原进入机体后，诱导机体淋巴细胞产生特异性IgE抗体。IgE抗体与靶细胞有高度的亲和力，牢固吸附在肥大细胞、嗜碱性粒细胞表面，此时，机体处于致敏阶段。当相同的抗原再次进入致敏的动物机体，并与机体内产生的IgE抗体结合，使肥大细胞、嗜碱性粒细胞产生脱颗粒变化，从颗粒中释放出多种活性介质，如组胺、前列腺素、激肽、蛋白水解酶、肝素、趋化因子等，这些介质随血液散布至全身，作用于皮肤、黏膜、消化道、呼吸道等效应器官，引起一系列过敏反应。Ⅰ型超敏反应常见于食物过敏、环境过敏、跳蚤唾液过敏、药物过敏等过敏性疾病。

Ⅱ型又称细胞毒型超敏反应，主要由 IgG、IgM，其次是 IgA 介导，针对机体自身成分，激活补体，招募炎症细胞引起组织损伤。当特异性抗体 IgG、IgM、IgA 与吸附在血细胞（红细胞、白细胞、血小板）上的抗原结合，可引起血细胞凝集，或在补体作用下使细胞溶解、损伤，或被单核-巨噬细胞吞噬而引起一系列病理变化。表现为溶血性贫血、白细胞减少症、血小板减少症等。Ⅱ型超敏反应常见于输血反应、药物过敏引起的血细胞减少症、免疫介导性溶血性贫血等。

Ⅲ型又称免疫复合物型超敏反应，由 IgG、IgM 介导，针对 IgG、IgM 形成的免疫复合物激活了沉积在组织中的补体，招募炎症细胞，聚合血小板等一系列反应。在免疫应答过程中，抗原抗体复合物的形成是一种常见现象，但大多数可被机体的免疫系统清除。如果因为某些原因造成大量免疫复合物沉积在组织中，就会诱使单核-巨噬细胞迁移至此，释放溶解酶等活性物质。当大量的单核-巨噬细胞聚集在狭小的局部并直接接触组织细胞时，溶解酶便会在溶解免疫复合物的同时损伤自身组织细胞，引起组织损伤和出现相关的免疫复合物病。Ⅲ型超敏反应常见于食物过敏、血清病、肾小球肾炎等疾病。

Ⅳ型又称迟发型超敏反应，与前三种不同，Ⅳ型是由特异性致敏效应细胞、T 淋巴细胞介导的。此型表现的局部炎症变化出现缓慢，接触抗原 24～48 h 后反应才达到顶峰，故称为迟发型超敏反应。当机体初次接触抗原后，T 淋巴细胞转化为致敏淋巴细胞，使机体处于致敏状态。当相同抗原再次进入机体内时，致敏的 T 淋巴细胞识别抗原，出现分化、增殖，并释放出许多淋巴因子，吸引、聚集并形成以单核-巨噬细胞浸润为主的炎症反应，甚至引起组织坏死。Ⅳ型超敏反应常见于食物过敏、跳蚤过敏、接触性过敏、嗜酸性肉芽肿等。

任务实施 >>>>>>>>>>>>>>>>>>>>>>>>>>>>>>>>>>>>>>

过敏性皮肤病防治

一、荨麻疹

荨麻疹是一种对免疫学性或非免疫学性刺激的皮肤过敏反应。以皮肤上出现各种瘙痒性风团或大的水肿性肿胀为特征。常见于犬，猫罕见。

【病因】 荨麻疹是由于皮肤、黏膜小血管扩张及渗透性增强而出现的一种局限性水肿反应（图 2-4-1）。通常几分钟至几小时出现症状，几小时后消失，严重时可出现休克。荨麻疹的病因复杂，常见的致病因素有食物、疫苗、药物、昆虫叮咬、植物因素、吸入性物质等。

【症状】 本病通常急性发作，出现各种各样的瘙痒性风团（荨麻疹）或大的血管性肿胀。

荨麻疹可出现在局部或全身，受损皮肤常出现红斑，一般无脱毛现象。可出现呼吸困难和咽喉部的血管性水肿。很少发展为伴有低血压、虚脱、胃肠道症状的过敏性休克或死亡。

【诊断】 根据病史和临床症状可初步诊断，确诊需要进一步实验室检查。

皮肤组织病理学检查可见浅表及真皮层血管扩张和水肿，或浅表性血管周围至间质性皮炎，并出现数目各异的单核细胞、中性粒细胞、肥大细胞，罕见嗜酸性粒细胞。

【鉴别诊断】应注意与毛囊炎、真菌性皮炎、蠕形螨病、皮肤血管炎、多形性红斑等疾病相鉴别。

【治疗】泼尼松或泼尼松龙，2 mg/kg，口服或肌内注射，每天1次。地塞米松磷酸钠，0.5～1 mg/kg，口服或肌内注射，每天1次。盐酸苯海拉明，2 mg/kg，口服或肌内注射，每天2次，连用2～3 d。症状严重时可用肾上腺素（1∶1 000）进行治疗，0.1～0.5 mL/次，静脉注射，每天1次，连用2～3 d。

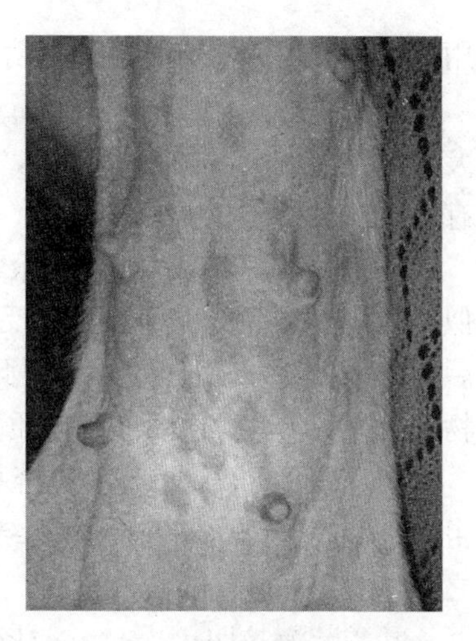

图 2-4-1　荨麻疹引起的皮肤局限性水肿

【预防】确定并避免再次接触可疑因素。昆虫、药物（尤其是疫苗）和食物过敏原是最可能导致荨麻疹复发的原因。

长期的抗组胺药物治疗有助于预防和控制不明原因引起的慢性荨麻疹。

二、犬异位性皮炎

异位性皮炎又称特应性皮炎、遗传过敏性皮炎，是由于环境中存在特异性过敏原IgE引起的，发生于多种动物的瘙痒性、急慢性、炎症性皮肤疾病，有一定的遗传倾向性，有特征性临床症状。目前认为本病的发生与遗传、免疫功能紊乱有关。

【病因】环境中的尘螨、花粉、霉菌、羽毛、动物鳞屑、上皮细胞等都可作为过敏原导致异位性皮炎的发生。

易感动物被环境中的过敏原致敏时，产生的特异性IgE会结合到皮肤肥大细胞的受体结合位点，当机体再次接触过敏原，尤其是经皮肤吸收时，引起速发型超敏反应，局部组织肥大细胞、嗜酸性粒细胞和嗜碱性粒细胞突然大量释放炎性介质所致。

异位性皮炎常伴随外耳炎、结膜炎、食物过敏、跳蚤叮咬过敏而出现，同时易继发厚皮马拉色菌性皮炎和假中间葡萄球菌感染。

【症状】本病的发生具有季节性和反复性，主要表现为皮肤瘙痒和出现疹块、红斑，病变常出现在趾部、面部、腹部、腋下等处，开始时没有明显的皮肤损害，后期因为犬、猫的舔舐、搔抓引起继发感染而加重，导致脱毛、丘疹、鳞屑和结痂。病程长时可出现色素沉着和苔藓样变。

【诊断】根据病史和临床症状可初步诊断，确诊需要进一步实验室检查。可通过商品化过敏原检测患犬、猫血清中的特异性IgE抗体水平，常与皮内试验结合来提高检出率。

【鉴别诊断】应注意与食物过敏、跳蚤叮咬过敏、疥螨病、脓皮症、继发性真菌感染、接触性皮炎等进行鉴别。

【治疗】泼尼松或泼尼松龙，0.5～1 mg/kg，口服，每天1～2次，连用5～7 d。猫用泼尼松龙效果好。强的松或强的松龙，0.5～1 mg/kg，口服，每天1次，逐渐减至隔天1次。

对于患异位性皮炎的犬、猫，皮肤类固醇药物可有效控制其瘙痒症状，但仅限于短期使用，且不可用于患有感染、全身性蠕形螨病、糖尿病或肾上腺功能亢进的犬、猫。

奥拉替尼，犬 0.4～0.6 mg/kg，口服，每天 2 次，连用 14 d 后改为每天 1 次。可抑制犬异位性皮炎引起的瘙痒反应，但目前没有更多研究文献证实奥拉替尼对猫的异位性皮炎有效。

环孢菌素，5 mg/kg，口服，每天 1 次，可长期使用。其效果与皮质类固醇药物作用相似，比皮质类固醇类药物不良反应更少，但显效缓慢，用药后 2～3 周瘙痒明显减少，用药后 30～60 d 达到最佳效果。因此，治疗前 2～3 周建议同时给予环孢菌素和皮质类固醇类药物，2 周后减量并逐渐停用皮质类固醇类药物。

白介素-31（IL-31）单克隆抗体，犬 0.5～2 mg/kg，皮下注射，每月注射 1 次。本药可阻断细胞因子 IL-31 与受体的结合，从而抑制瘙痒反应（IL-31 是引起犬瘙痒的重要介质之一）。

盐酸苯海拉明，1～4 mg/kg，口服，每天 1 次；或马来酸氯苯那敏，1～2 mg/kg，口服，每天 1～2 次。盐酸苯海拉明和马来酸氯苯那敏（扑尔敏）仅对部分异位性皮炎患犬有效，且药物作用因个体差异变化较大。

口服高剂量不饱和脂肪酸对异位性皮炎引起的瘙痒有一定缓解效果。在易发季节应提前 1～2 个月补充不饱和脂肪酸、神经酰胺和植物鞘氨醇等营养剂，可提高皮肤屏障功能，改善瘙痒症状，对于反复复发性异位性皮炎可长期使用以减轻瘙痒程度。同时可减少皮质类固醇和环孢菌素的用量。

也有研究显示，含有高水平 Ω-3 和 Ω-6 脂肪酸的高质量蛋白质饮食对异位性皮炎引起的瘙痒有一定效果。

香波疗法可机械性清除皮肤上的过敏原，减少过敏原刺激皮肤，定期洗浴有助于改善皮肤瘙痒。

穿衣服可减少环境过敏原的附着并防止自我损伤。

低过敏处方粮常被用来改善皮肤瘙痒，但应注意饲喂处方粮期间禁喂其他食物。

【预防】避免接触过敏原，尽可能将过敏原从环境中清除。同时必须控制细菌和酵母菌等继发感染或跳蚤叮咬。对于尘螨敏感的犬，动物主人应使用杀螨剂对毛毯、床垫和室内装饰物进行处理。

三、犬食物过敏

犬食物过敏是一种较为常见的疾病，其与异位性皮炎、跳蚤过敏症有许多相似之处，又经常与异位性皮炎和跳蚤过敏症伴发。

【病因】目前已发现的可引起犬食物过敏的食物以高蛋白质食物为主，如乳制品、牛肉、鸡肉、羊肉、鸡蛋及大豆等食物。

食物过敏的发病机制比较复杂，通常由速发型（Ⅰ型）、免疫复合物型（Ⅲ型）或迟发型（Ⅳ型）变态反应引起。

食物过敏的发生不受年龄、性别、品种的限制。小于 6 个月或大于 11 岁的犬都有发病的可能。

【症状】部分食物过敏的犬会伴随消化道问题，肠道反应较轻者，只表现为不同程度的软便，严重的表现为呕吐、腹泻、腹痛。

多数患犬有非季节性局部或全身瘙痒，包括耳道、唇周、趾间、腹股沟、面部、眼周和会阴部。尤其在患犬进食后瘙痒加重，常用嘴蹭地板或沙发，部分患犬频繁磨蹭背部和肛周皮肤。发病的皮肤出现红斑、丘疹。病变部位高度瘙痒，常被自我损伤或继发性细菌感染所覆盖。自我损伤引起的病变包括脱毛、表皮脱落、鳞屑、抓伤、皮肤色素沉着和苔藓化。

慢性病例皮肤可能高度色素沉着，苔藓化，或发展为瘙痒性外耳炎。

【诊断】根据病史和临床症状可初步诊断，确诊需要进一步实验室检查。

皮内试验时可将疑似过敏原提取物注入患犬皮内，一段时间后观察注射处风团和红肿的严重程度，并同阴性和阳性组进行对照做出评价。皮肤组织病理学检查表现为不同程度的浅表血管周围炎，其中以单核细胞和中性粒细胞浸润为主。

食物过敏症与异位性皮炎症状相似，又常与异位性皮炎和跳蚤过敏症伴发，临床上应认真鉴别（表 2-4-1）。

表 2-4-1　异位性皮炎、食物过敏、跳蚤叮咬过敏的区别

项　目	类　别		
	异位性皮炎	食物过敏	跳蚤叮咬过敏
年龄相关性	有	无	无
季节相关性	有	无	有
外耳炎症状	有	有	无
胃肠道症状	无	有	无
类固醇治疗	有效	无效	有效
有无对称性发病部位	有	有	无

【鉴别诊断】应注意与异位性皮炎、疥螨、毛囊炎、马拉色菌性皮炎、脓皮症、跳蚤叮咬过敏、接触性皮炎等进行鉴别。

【治疗】避免摄入含有过敏原的食物是治疗食物过敏的关键。必要时应进行食物过敏原的筛查，根据筛查结果选择食物种类。

低过敏处方粮可有效缓解食物过敏引起的皮肤瘙痒，但应注意饲喂处方粮期间避免患犬接触其他食物和零食。

注射短效皮质类固醇类药物，如地塞米松磷酸钠，0.5～1 mg/kg，皮下或肌内注射。或泼尼松或泼尼松龙，0.1～1 mg/kg，口服。但多数研究表明，此类药物对食物过敏引起的瘙痒症状无很好效果。

熟食可减少食物过敏出现的概率，若条件允许，可将犬粮加热熟制或饲喂自制熟食以减少皮肤瘙痒。

饲喂水解蛋白食物。由于水解后的蛋白质分子变小，不宜被免疫系统识别，故不易引起过敏反应。

【预防】饲喂营养均衡的自制日粮或商品化低敏粮。肠道寄生虫的存在可能对食物过敏反应的发生起促进作用，要做好平时的驱虫工作。

四、跳蚤过敏症

跳蚤过敏症是由于跳蚤叮咬犬、猫皮肤导致的一种过敏性皮肤病，临床上以剧烈瘙痒、脱毛，并有不同程度的皮肤损伤为特征。

【病因】 跳蚤唾液中含有一种分子量较大的蛋白质，犬、猫对其敏感，通过跳蚤反复或间歇性叮咬而发病。在温带通常为季节性（夏秋季节）发病，而在亚热带和热带，本病常无季节性。

【症状】 犬主要表现为瘙痒、丘疹、结痂并伴有继发性红斑、脱毛、表皮脱落、色素沉着或苔藓化。典型发病部位包括后背部、尾背部、股后内侧和腹部等。

猫主要出现瘙痒性粟粒状皮炎，并伴有继发性表皮脱落、结痂和脱毛。其他症状包括继发于过度梳理毛发和嗜酸性肉芽肿综合征的全身性脱毛。

【诊断】 根据病史和临床症状可初步诊断，确诊需要进一步实验室检查。

跳蚤抗原皮内试验阳性，或血清免疫球蛋白 IgE 抗跳蚤抗体滴度阳性，都高度提示本病。

皮肤组织病理学检查可见不同程度的浅表性或深层血管周围至间质性皮炎，通常有大量的嗜酸性粒细胞浸润。

【鉴别诊断】 应注意与异位性皮炎、食物过敏、螨虫感染（疥螨、蠕形螨）、虱病、浅表脓皮症、皮肤癣菌病、马拉色菌性皮炎等进行鉴别。

【治疗】 以止痒，防止继发感染，定期驱虫为原则。

泼尼松或泼尼松龙，0.5 mg/kg，口服，每天 2 次，连用 3～7 d，后改为每天 1 次，连用 3～7 d。奥拉替尼，0.4～0.6 mg/kg，口服，每天 1～2 次，连用 7～14 d。对控制跳蚤引起的瘙痒有明显作用。出现湿疹性皮炎时可用抗生素或激素软膏涂抹患部。

定期驱杀跳蚤。可使用含赛拉菌素、非泼罗尼、吡虫啉、莫昔克丁、异噁唑啉、菊酯类成分的驱虫药进行驱虫。对存在严重跳蚤感染的环境，使用杀成虫剂或昆虫生长调节剂，如吡丙醚、甲氧普烯等。

其他药物治疗方法可参见本项目任务三蚤病治疗。

【预防】 定期驱虫，防止跳蚤感染。同时也应对环境消毒，消除环境中存在的虫卵和幼虫。

五、猫嗜酸性肉芽肿

猫嗜酸性肉芽肿是以嗜酸性粒细胞增生为主的炎症性疾病。发病部位包括皮肤、黏膜、皮肤黏膜交界处等部位。本病通常与潜在的过敏性疾病有关。

【病因】 嗜酸性肉芽肿病因复杂，主要包括遗传因素和可能的过敏症，如跳蚤叮咬过敏、食物过敏、遗传性过敏等。通常认为是猫对自身抗原产生的一种变态反应性应答。

【症状】 皮肤病变通常是单个出现，表现为凸起、坚硬的线性斑块或丘疹样结节（图 2-4-2）。可出现轻度的红斑、脱毛、糜烂或溃疡，但无疼痛和瘙痒。在股后侧常呈明显的线性分布，身体斑块呈单个或多个融合；足垫肿胀、疼痛、跛行；口腔的特征性病变为吞咽困难、流涎、口臭、肉芽肿性增生或结节。

【诊断】 根据病史和临床症状可初步诊断，确诊需要进一步实验室检查。

血液常规检查可见轻度至中度嗜酸性粒细胞增多。皮肤组织病理学检查可见结节性至弥散性肉芽肿，肉芽组织多见嗜酸性粒细胞、组织细胞和多核巨细胞，并伴有胶原变性的病灶。

图 2-4-2 猫嗜酸性肉芽肿

【鉴别诊断】应注意与疱疹病毒性皮炎、无痛性溃疡、猫下巴痤疮、嗜酸性斑块、猫免疫缺陷病、落叶型天疱疮等进行鉴别。

【治疗】治疗以控制炎症，防止继发感染为主，同时对症治疗。为控制继发细菌感染，可用头孢氨苄 15～25 mg/kg，口服，每天 2 次，连用 7～10 d。克拉维酸钾-阿莫西林，12～20 mg/kg,口服，每天 2 次，连用 7～10 d。多西环素，5～10 mg/kg，口服，每天 1～2 次，连用 10～15 d。瘙痒严重时可用泼尼松龙，0.5～1 mg/kg，口服，每天 2 次，连用 3～7 d，后改为每天 1 次，连用 3～7 d。对反复复发病例，可用环孢菌素，5 mg/kg，口服，每天 1 次。

【预防】本病与潜在的过敏性疾病有关，应同时管理潜在的过敏性疾病，尤其是跳蚤过敏性皮炎的预防和治疗。

六、接触性皮炎

接触性皮炎又称变应性接触性皮炎，通常是由于长期接触有害过敏原所致的皮肤疾病。引起接触性皮炎的过敏原通常是具有高度反应活性的分子，它们能与皮肤细胞进行化学结合。

【病因】主要发病机制为朗汉斯细胞与进入皮肤的过敏原相互作用，导致再次接触过敏原的 T 淋巴细胞被激活，并释放细胞因子，引发迟发型变态反应。

患犬、猫由于接触某些毛发染料、植物、清洁剂、塑料盘、橡胶、玩具、皮革制品等发病。幼龄犬、猫少见。

【症状】根据接触性皮炎病变的严重程度不同，从轻微的红斑至严重的红斑性水疱形成。可出现继发性脓皮症和马拉色菌性皮炎。持续接触过敏原的犬、猫可出现皮肤角化过度、色素沉着和皮肤苔藓化。

病变常见于经常接触地面的毛发稀疏部位，如下颌、腹部、胸部、会阴部、阴囊、腋下、腹股沟、耳郭和趾间等部位。但如果有害的过敏原是液体，则病变也可出现在有被毛覆盖的部位；如果有害过敏原是犬啃咬的橡胶玩具或塑料盘，则典型发病部位为唇和口鼻部；如果接触某些毛发染料和除臭剂，发病部位多在足垫、阴囊和腹下部。

【诊断】根据病史和临床症状可初步诊断，确诊需要进一步实验室检查。

将可疑的过敏原放置于剃过毛的皮肤处作斑贴试验，49～72 h 后会出现皮肤反应，如红斑、肿胀、斑疹或丘疹，但也可能出现假阴性和假阳性反应。

皮肤组织病理学检查可见不同程度的浅表性血管周围性皮炎，以单核细胞或中性粒细胞为主的细胞浸润。

【鉴别诊断】应注意与食物过敏、异位性皮炎、跳蚤叮咬过敏、细菌性毛囊炎、马拉色菌性皮炎、皮肤癣菌病、蠕形螨病、脂溢性皮炎等进行鉴别。

【治疗】 避免接触过敏原或从环境中清除过敏原是治疗本病的主要措施。为控制瘙痒症状可用泼尼松，犬 0.5～1 mg/kg，口服，每天 1 次，连用 5～10 d；泼尼松龙，猫 1～2 mg/kg，口服，每天 1 次，连用 5～10 d。己酮可可碱，0.5～1 mg/kg，口服，每天 1 次，可用于长期治疗。

【预防】 减少接触过敏原，尽可能将过敏原从环境中清除。创造机械性屏障，可穿衣服，减少与环境过敏原接触。

任务反思

1. 异位性皮炎常见的临床症状是什么？怎样合理治疗异位性皮炎？
2. 犬食物过敏症常见的临床症状是什么？怎样合理治疗犬食物过敏症？
3. 犬跳蚤过敏症常见的临床症状是什么？怎样合理治疗犬跳蚤过敏症？
4. 如何鉴别诊断异位性皮炎、食物过敏症和犬跳蚤过敏症？
5. 如何鉴别诊断荨麻疹和接触性皮炎？
6. 猫嗜酸性肉芽肿常见临床症状有哪些？

任务五　自身免疫性皮肤病

扫码看彩图

任务目标

能辨别常见自身免疫性皮肤病的临床症状，学会常见自身免疫性皮肤病实验室诊断方法，能根据不同类型的自身免疫性皮肤病进行合理的药物治疗。

任务准备

自身免疫性疾病

自身免疫性疾病是指机体免疫系统对自身细胞或成分产生免疫应答，导致自身组织或器官的病理性损伤，影响其生理功能，并最终导致各种临床症状。

自身免疫性疾病多数情况下是自发或特发性的，患犬、猫血液中可检测到高效价的自身抗体、抗原抗体复合物或出现与自身抗原反应的致敏淋巴细胞；病变部位有变性的免疫球蛋白沉积，呈现以大量淋巴细胞与浆细胞浸润为主的慢性炎症；病情转归与自身免疫反应强度密切相关。

根据发病特点可分为器官特异性自身免疫性疾病和非器官特异性自身免疫性疾病两种类型。器官特异性自身免疫性疾病的特点是组织器官的病理损害和功能障碍仅限于抗体或致敏淋巴细胞所针对的某一器官，如落叶型天疱疮等疾病。

非器官特异性自身免疫性疾病的特点是针对机体多种自身抗原产生病变，且病变累及多种组织、器官和结缔组织。引发Ⅰ型变态反应（速发型），如药疹；Ⅱ型变态反应（细胞毒型），如系统性红斑狼疮等；Ⅲ型变态反应（免疫复合物型）：如血管炎、皮肌炎、皮脂腺炎、脂膜炎等，此类疾病习惯上又称为免疫介导性皮肤病、系统性自身免疫病、结缔组织病等，这是由于免疫复合物沉积于血管壁的滤过膜中，引起血管壁和间质出现纤维素性坏死性炎症，同时可活化补体和白细胞，导致全身多个组织器官的损害。

皮肤是免疫系统的第一道防线，是抵御外界入侵的重要屏障，一旦这种屏障被破坏或受到攻击，就会引起一系列的自身免疫性皮肤疾病。一般来讲，自身免疫性皮肤病是由于免疫系统对自身抗原发生免疫反应，导致免疫失衡而引起的皮肤损伤和功能障碍的皮肤疾病。根据其病变范围和损伤组织器官的特点分为两类：一类是全身性自身免疫性疾病，这类疾病会影响到皮肤，造成皮肤病变，如红斑狼疮、皮肌炎、血管炎等。另一类则是主要影响皮肤的自身免疫性疾病，如天疱疮、类天疱疮等皮肤疾病。

任务实施

自身免疫性皮肤病防治

一、落叶型天疱疮

落叶型天疱疮是一种自身免疫性皮肤病，其特征是机体产生针对角质形成细胞上的黏附因子——桥粒的自身抗体，使抗体在细胞间沉积，导致基底层上的角质形成细胞脱落，棘层松解等一系列皮肤病变。

临床上主要以鼻背部、眼周、耳郭内侧、足垫等部位出现大量脓疱、结痂、鳞屑为特征，严重时糜烂、溃疡，并伴有大量结痂形成的硬壳。

本病在临床上以皮肤和皮肤黏膜连接处出现糜烂、溃疡、结痂和厚实的硬壳为特征。

【病因】落叶型天疱疮是犬、猫常见的自身免疫性皮肤病。任何年龄、性别和品种的犬、猫均能发生此病，但是秋田犬、松狮犬、阿拉斯加雪橇犬、哈士奇等品种更易感。

本病通常是特发性的，某些病例也可能为药物诱导和慢性炎性皮肤病的后遗症。

【症状】主要表现为皮肤和皮肤黏膜连接处广泛性增厚并形成干性结痂。

根据临床表现可分为原发性病变和继发性病变。原发性病变表现为表皮脓疱，且脓疱极易破溃，未破溃的脓疱由于被毛覆盖而不易被发现。继发性病变包括浅表性糜烂、结痂、鳞屑、表皮环状脱屑和脱毛。

本病通常最先发生于鼻梁、眼周和耳郭（图 2-5-1），并逐渐扩散至全身。鼻部色素减退常伴有面部病变；眼周皮肤增厚、结痂，继发感染时有不同程度的瘙痒症状；耳郭内侧皮肤出现脓疱、结痂，并有少量渗出物；也可见爪垫过度角化、皲裂，严重时出现跛行。

猫可见甲床及乳头周围的病变，表现为甲床红肿、结痂，指（趾）甲过度暴露等；乳头周围皮肤有丘疹、脓疱、结痂。严重时可见乳腺淋巴结肿大、发热、食欲减退和精神沉郁等症状。

【诊断】根据病史和特征性的临床症状可初步诊断，确诊需要进一步实验室检查。

细胞学检查可见中性粒细胞和棘层松解的角质形成细胞（图 2-5-2），有时可见嗜酸性粒细胞。皮肤组织学检查可见基底层上棘层松解和水泡形成，基底层上表皮脱落。

图 2-5-1　落叶型天疱疮引起的眼周病变

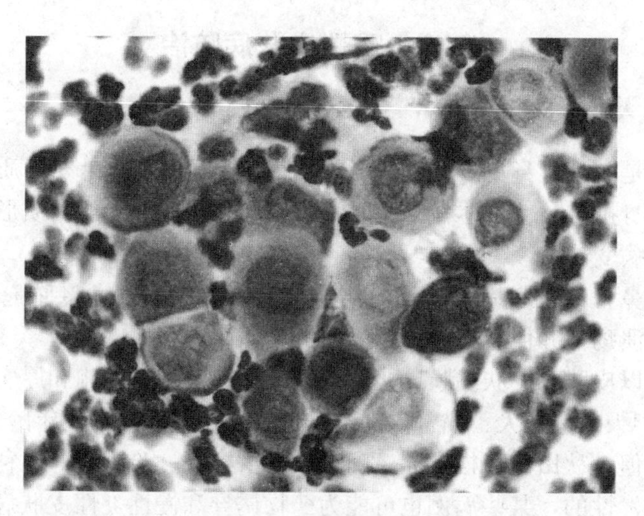

图 2-5-2　棘层松解细胞

【鉴别诊断】应注意与局部蠕形螨病、浅表脓皮症、猫嗜酸性肉芽肿、嗜酸性斑块、皮肤真菌病、盘状红斑狼疮、角质下脓疱性皮肤病、药疹、皮肌炎、锌反应性皮炎、蚊虫叮咬等相鉴别。

【治疗】发病初期可用抗菌香波和氯已定洗液去除结痂。症状严重时，可用大剂量糖皮质激素进行免疫抑制治疗。泼尼松，1～3 mg/kg，口服，每天 2 次，连用 7～14 d；泼尼松龙，1～2 mg/kg，口服，每天 2 次，连用 7～14 d。当病变消退后逐渐降低剂量，直到可隔日给药的最低有效量。如果开始治疗后 2～4 周内病情无明显改善，在排除皮肤感染的同时应考虑更换或增加免疫抑制类药物的剂量。

糖皮质激素对自身免疫性皮肤病有积极的治疗作用，但不良反应较大且多（表 2-5-1），对于反复复发的自身免疫性皮肤病可更换或联合使用非类固醇免疫抑制类药物，如硫唑嘌呤（仅用于犬）、苯丁酸氮芥、环磷酰胺和环孢菌素等，以减少糖皮质激素的用量。

表 2-5-1　糖皮质激素的不良反应

非皮肤不良反应	皮肤不良反应
多饮多尿多食	粉刺，脱毛，鳞屑
糖尿病	脂肪瘤
碱性磷酸酶升高，血糖升高	瘢痕变宽，皮肤伤口不愈合
膀胱炎	皮肤感染和蠕形螨病
悬垂腹，肌肉萎缩	皮肤萎缩、变薄
应激性白细胞相	皮肤矿化、钙质沉着

为了治疗或预防继发性脓皮症，应全身应用抗生素至少 4 周，或持续使用抗生素，直到同时采用的免疫抑制疗法控制症状为止。

【预防】减少日光照射，少喂刺激性食物，平时在食物中添加富含维生素和不饱和脂肪酸的保健品，以提高机体免疫力。对有皮肤病变的部位定期去除结痂，对症治疗。

二、盘状红斑狼疮

盘状红斑狼疮是系统性红斑狼疮的一种良性变异类型，是犬常见的慢性、反复复发性的自身免疫性皮肤病之一。临床上以在鼻梁、口唇、眼周、耳郭、肛周等部位出现色素减退、红斑、鳞屑、糜烂、溃疡和结痂为特征。

【病因】盘状红斑狼疮作为一种自身免疫性皮肤病，其确切发病机制尚未明确。可能与遗传、紫外线、病毒感染、药物反应等因素有关。

本病多见于犬，而猫少见，青年犬易发。季节性加重可能与光照和紫外线照射时间较长有关。

【症状】初期症状为鼻面部脱色，脱色后发展为糜烂和溃疡。溃疡性病变常见于腹股沟、腋下和腹部，病变呈圆形或多环形，出现富含淋巴细胞的界面性皮炎，真皮与表皮结合处形成囊泡。同样的病变可涉及唇部、鼻梁、眼周、耳郭、肛周，而肢体远端或外生殖器的病变不常见，爪垫过度角化和口腔溃疡罕见（图 2-5-3）。猫主要表现为面部和耳郭出现红斑、脱毛、结痂，而鼻部病变不常见。

【诊断】根据临床症状排除其他类似疾病，可作出初步诊断。确诊需做进一步实验室检查。

皮肤组织学检查可见水肿性或苔藓样界面性皮炎，基底膜区域局部增厚，色素沉着，可见凋亡的角质形成细胞，血管和附属器官周围或见单核细胞和浆细胞浸润。

【鉴别诊断】应注意与鼻部脓皮症、蠕形螨病、皮肤真菌病、落叶型天疱疮、皮肌炎、葡萄膜皮肤综合征、鼻部日光性皮炎、鼻部色素减退、蚊虫叮咬等相鉴别。

【治疗】注重采用多种治疗方案，尽量减少任何单一药物治疗产生的不良反应。

局部可用 0.1%他克莫司乳膏或外用皮质类固醇乳膏患部涂抹治疗，如 0.1%倍他米松、0.1%氟轻松、2.5%氢化可的松，每天 2～3 次患部涂抹。

使用免疫抑制剂量的糖皮质激素进行免疫抑制治疗。泼尼松，1～2 mg/kg，口服，每天 1 次；甲基泼尼松龙，1～2 mg/kg，口服，每天 1 次；地塞米松，0.1～0.2 mg/kg，口

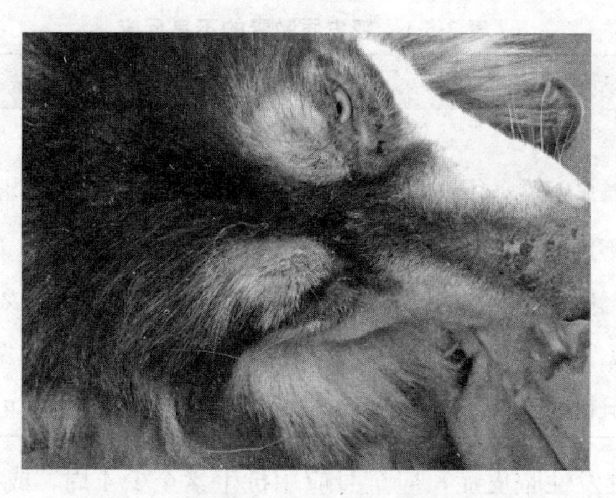

图 2-5-3　盘状红斑狼疮

服，每天 1 次；曲安奈德，0.1～0.2 mg/kg，口服，每天 1 次。免疫抑制剂量诱导 10～14 d，当病变消退后，逐渐降低至最低有效剂量。猫用泼尼松龙或甲基强的松龙，与犬相比，剂量应加倍。如果泼尼松龙或甲基强的松龙无效，可尝试使用曲安奈德。

在使用皮质类固醇类药物过程中，可依据病情的严重程度，合理选择药物积极治疗。为促进疾病的缓解，最初使用更高药物剂量，然后逐渐减至最低有效剂量。

对于顽固性病例，可更换或联合使用非类固醇免疫抑制类药物。如硫唑嘌呤（仅用于犬），2 mg/kg，口服，每天 1 次，连用 14 d；苯丁酸氮芥，0.1～0.2 mg/kg，口服，每天 1 次，连用 14 d。也可用环磷酰胺和环孢菌素等药物治疗。

为防止继发感染，应长期全身应用抗生素至少 4 周。或持续使用抗生素，直至同时采用的免疫抑制药物控制症状为止。

【预防】本病通常保持良性和自限性。如果使用全身性免疫抑制药物，应定期监测临床症状、血常规和血清生化指标，以便及时调整治疗方案。

三、脂膜炎

脂膜炎是皮下脂肪组织炎性病变引起的脂肪组织的变性和坏死，是一种以脂肪组织为靶器官的免疫性皮肤病，脂肪细胞被破坏并释放出游离脂质进入细胞间隙，脂质水解为脂肪酸，脂肪酸可加重炎症反应和肉芽肿形成。临床上以皮下脂肪炎性结节或斑块、发热等全身症状反复发作为特征（图 2-5-4）。

【病因】引起脂膜炎的病因复杂多样，没有年龄、性别倾向。根据病因不同可分为外伤性、感染性、免疫性和特发性脂膜炎等。

1. 外伤性　由于注射药物、钝性外伤引起局部皮肤受损，局部供血减少引起病灶区域缺血，有些药物甚至可引起严重的超敏反应。

2. 感染性　多发生于细菌或真菌的长期感染。

3. 免疫性　多发生于系统性红斑狼疮等疾病，还可发生于药物、传染性因素、内脏肿瘤引起的超敏反应。

4. 特发性　可发生于各种无菌性炎症疾病，如特发性的无菌性结节性脂膜炎，而严格意义的特发性无菌性结节性脂膜炎原因不明。

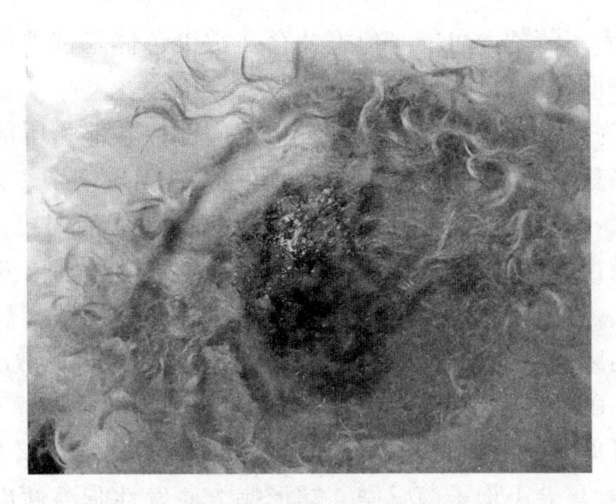

图 2-5-4 脂膜炎

【症状】 病灶可见于身体的任何部位，常见于躯干，以一个或多个深在的、直径为数毫米至数厘米的皮下小结节为特征，有时成为囊性结节并发展为瘘管。可能伴有发热、厌食及精神沉郁等症状。

单个或多灶性早期病例，结节在皮下可自由移动，覆盖结节的皮肤一般正常；但是可变成红斑或变为棕色或黄色，结节直径不一，有时固定且边界清晰，有时柔软无法确定边缘。

【诊断】 本病根据病史和临床症状可初步诊断。确诊需做进一步实验室检查。

皮肤结节病理组织学检查可见炎性细胞浸润，巨噬细胞细胞质空泡化，内含多量被吞噬的脂肪颗粒等。

【鉴别诊断】 应注意与脓皮症、皮肤囊肿、脓性创伤性皮炎、天疱疮、皮肤肿瘤、全身性红斑狼疮等疾病相鉴别。

【治疗】 对于局灶性单个结节的脂膜炎可考虑手术切除病变部位，同时密切监控切除部位是否有复发可能。

感染性脂膜炎或继发感染需要依据阳性培养结果，选择合适的抗真菌、抗生素药物进行治疗。

无菌多结节性脂膜炎常采用类固醇类药物进行全身治疗。泼尼松，2～3 mg/kg，口服，每天 2 次；甲基泼尼松龙，1～2 mg/kg，口服，每天 2 次；强的松龙，1～2 mg/kg，每天 2 次，直到症状减轻后，逐步减小用药剂量。

也可选择非皮质类固醇类免疫抑制药物替代治疗。咪唑硫嘌呤，1 mg/kg，每天 1 次，长期口服；环孢菌素，5～10 mg/kg，每天 1 次，直至症状缓解。

局部可用 0.1%他克莫司乳膏外用涂抹治疗。

【预防】 平时应注意外伤和注射疫苗后的反应，出现症状时及时就诊；同时保持适量运动，注意食物营养搭配，减少脂肪食物的摄入量，防止新增病变的产生。

四、皮脂腺炎

皮脂腺炎是皮脂腺部位受感染而引发的免疫性皮肤病，主要以毛囊漏斗部过度角化和大量毛囊管型为特征。常发生于青年犬和中年犬。一般分为两种类型，一种是长毛品种的皮脂腺炎，另一种是短毛品种的皮脂腺炎。

【病因】 发病原因尚不清楚，可能与免疫及存在常染色体隐性遗传有关。易感品种包括贵宾犬、秋田犬、萨摩耶犬等。

【症状】 主要表现为患犬背部、颈背部、头顶、面部、耳部和尾部常可见轻度至重度的鳞屑。病变可局部、多灶或泛发性分布于躯干。短毛犬常出现细小、无黏性的鳞屑；长毛犬的鳞屑常黏附在毛干上，被毛暗淡，干枯，常出现毛囊管型，有时可见环形脱毛或弥散性脱毛。患犬有时发热，精神沉郁，体重减轻。继发细菌或马拉色菌感染时，有明显瘙痒症状。

【诊断】 根据病史、临床症状进行初步诊断，并排除其他皮肤疾病。确诊需进行皮肤组织病理学检查，从亚临床病例的颈背侧取样，在早期病变部位可见散在皮脂腺肉芽肿。慢性病变时，皮脂腺消失，由纤维化组织替代。

皮肤细胞学检查可见大量毛囊管型和毛发根部鳞屑，毛囊常被堵塞。

【鉴别诊断】 应注意与犬小孢子菌感染、蠕形螨、原发性脂溢性皮炎、继发性脂溢性皮炎等皮肤疾病相鉴别。

【治疗】 对于轻度病例，口服必需脂肪酸，局部应用抗脂溢性皮炎香波，用软化剂冲洗并使用保湿剂，可有效控制症状。

对于较严重的病例，每天口服高剂量的脂肪酸，采用角质溶解性香波，如2%硫黄、2%的阿司匹林香波洗浴，每周1～2次，逐渐减至每月1次。

积极治疗继发性细菌和马拉色菌性皮肤感染。

全身使用免疫抑制剂可有效预防皮脂腺炎病变进一步加剧。可使用环孢菌素，5～10 mg/kg，口服，每天1次，连用6～8周或直至症状改善，然后逐渐减量到可以控制症状的最小剂量。

【预防】 保证良好营养，可在食物中添加适量的不饱和脂肪酸以预防本病。

五、犬嗜酸性肉芽肿

犬嗜酸性肉芽肿是一种以口腔内、扁桃体或皮肤上的结节和肿块为特征的免疫性皮肤病。

【病因】 本病确切的病因尚不清楚，可能与遗传因素有关，而皮肤病变可能表现为对节肢动物叮咬或蜇伤的超敏反应。

【症状】 口腔病变最常见于上腭和舌的两侧及腹侧，以溃疡、肿块和增生为特征。口腔病变可能出现疼痛和口臭。皮肤病变常见于腹部和腹侧部，表现为丘疹、肿块和结节，病变部位多不引起疼痛和瘙痒表现。

【诊断】 根据病史和临床症状可初步诊断，确诊需要进一步实验室检查。

犬的嗜酸性肉芽肿，在组织学上与猫的嗜酸性肉芽肿很相似，都伴有明显的胶原变性，周围环绕增生的肉芽组织和嗜酸性粒细胞浸润。

皮肤组织病理学检查可见嗜酸性粒细胞和组织细胞性肉芽肿，伴有胶原纤维变性的病灶。出现嗜酸性粒细胞、巨噬细胞、肥大细胞、浆细胞以及淋巴细胞浸润等病理变化。微生物培养多见分枝杆菌、大肠杆菌等。

【鉴别诊断】 应注意与脓皮症、真菌性肉芽肿、皮肤肿瘤、创伤等进行鉴别。

【治疗】 对于单个病变可能自愈，不需要治疗。大多数病变对皮质类固醇类药物有效，泼尼松或泼尼松龙，0.5～2.0 mg/kg，口服，每天1次，直到病变消失后再逐渐减量到停药。

抗组胺药可用于减少和控制过敏反应。

【预防】 定期驱虫，防止蚊虫叮咬，外出活动时注意环境卫生，及时清洁皮肤。增加运动量，同时保持合理均衡饮食以增强机体免疫力。

六、皮肤血管炎

皮肤血管炎是一种原发于皮肤血管壁及周围组织的炎症性自身免疫性皮肤病，常以血管壁沉积大量免疫复合物，激活补体，吸引大量白细胞，造成血管和局部组织损伤为特征。临床主要表现为病变部位紫癜、坏死、结痂、斑点状溃疡、色素沉着和脱毛症状。

【病因】 血管炎可能为特发性，也可能与潜在感染、恶性肿瘤、食物过敏、药物反应、疫苗注射、代谢性疾病，全身性红斑狼疮、长期暴露于寒冷环境中有关。

其发病机制为Ⅲ型（免疫复合物型）和Ⅰ型（速发型）超敏反应，由感染、寄生虫侵袭、内毒素、免疫复合物沉积等引起血管内皮细胞损伤，启动局部炎症反应，动员中性粒细胞和补体激活。从而造成局部血管损伤，内皮水肿，管腔狭窄，组织灌注量减少。同时，中性粒细胞释放溶酶体酶导致血管壁坏死、血栓形成及出血。

【症状】 多数病例表现为四肢末端，耳郭、唇、尾巴、阴囊和口腔黏膜边缘区域出现紫癜、坏死灶和斑点状溃疡，常伴随局部脱毛、结痂、色素过度沉着。偶有舌尖糜烂和溃疡。这些症状可引起疼痛，严重时四肢末端发绀和坏死。患犬、猫可能并发厌食、精神沉郁、发热、关节病和四肢水肿。

【诊断】 根据病史和临床症状可初步诊断。确诊需要进一步实验室检查。

从病变边界处采集表层和深层活组织，经组织病理学和免疫组织病理学检查，可见血管内或其周围通常有中性粒细胞、淋巴细胞、嗜酸性粒细胞、肉芽肿、混合性细胞浸润。

对于疫苗注射诱导的缺血性血管炎中，可见中度至重度的毛囊萎缩、胶原蛋白玻璃变性、少细胞性界面性皮炎和毛囊炎等。

【鉴别诊断】 应注意与全身性红斑狼疮、表皮坏死松解症、大疱性天疱疮、寻常性天疱疮、荨麻疹和皮肤药物反应等疾病相鉴别。

【治疗】 局部血管炎可用0.1%他克莫司乳膏或外用类固醇乳膏患部涂抹治疗，如0.1%倍他米松、0.1%氟氢松、2.5%氢化可的松，每天2～3次，患部涂抹，涂抹时应戴手套。也可用他克莫司的替代品如1%吡美莫司治疗。

早期症状明显时可给予皮质类固醇类药物。泼尼松龙，犬1～2 mg/kg或猫2～4 mg/kg，口服，每天2次，直到症状缓解。对泼尼松龙治疗无反应的病例可选择其他药物治疗，如氨苯砜，犬1 mg/kg，口服，每天3次，直到症状缓解，本品禁用猫。也可用水杨酸偶氮磺胺吡啶，10～20 mg/kg，口服，每天3次，直到症状缓解。在其他治疗措施失败时，可使用硫唑嘌呤、环磷酰胺或苯丁酸氮芥，或与皮质类固醇类药物同时使用。

己酮可可碱，10～25 mg/kg，口服，每天3次，逐渐减至每天1次。本药为甲基黄嘌呤衍生物，可用于血管炎、皮肌炎和其他免疫性皮肤病的治疗。

对于犬，为预防继发感染，应全身性抗生素治疗至少4～6周，直到免疫抑制药物控制症状为止。

【预防】 平时应注意引起皮肤血管炎的诱发因素，出现症状时及时就诊；同时保持适量运动，注意食物营养搭配，减少刺激性食物的摄入量，防止血管炎的发生。

七、皮肤药物反应（药疹）

皮肤药物反应又称药疹，是药物通过口服、注射、局部用药等途径进入动物体内，在皮肤或黏膜上引起的炎症反应。

药物既有治病的作用，又可能引起不良反应。由药物引起的非治疗性反应，统称为药物反应，药疹仅是其中的一种表现形式。

【病因】皮肤药物反应的症状多种多样，机制复杂，有的尚未明确是属于何种变态反应。药疹的发病机制可分为免疫性反应和非免疫性反应两大类。

1. 免疫性反应 绝大多数药疹由药物变态反应引起，其发生机制比较复杂。但多具有以下共同特征：

（1）发生于少数过敏体质的用药动物。

（2）反应的轻重与药物的特性、用药量无相关性。

（3）有一定潜伏期，已致敏动物再次用该药可发病。

（4）药疹具多形性，同一动物常以一种为主。

（5）存在交叉过敏及多价过敏。

（6）停药后好转，皮质类固醇药物治疗有效。

2. 非免疫反应

（1）直接释放组胺，引起荨麻疹及血管性水肿。

（2）蓄积中毒。有些药物排泄较慢，患有肝肾功能障碍或用药时间过久，均可造成药物蓄积而诱发药疹。

（3）光敏毒性。服用某些药物后，经日光照射后而发生药疹。

【症状】临床症状变化多样，可见丘疹、斑、脓疱、小囊疱、大疱、紫癜、红斑、荨麻疹、血管性水肿、脱毛、多形红斑、中毒性表皮坏死松解症、糜烂、溃疡和外耳炎。病变表现可以是局灶性、多灶性或弥散性的。多数伴有疼痛和瘙痒，病情严重时可出现发热、厌食、精神萎靡和跛行症状。

【诊断】根据病史和临床症状可初步诊断，确诊需要进一步实验室检查。

血液常规检查可见贫血、血小板减少、白细胞减少或增多。血清生化检查可见碱性磷酸酶、谷丙转氨酶出现异常。皮肤组织病理学检查结果差异较大，不同结果反映了病变的严重程度。

【鉴别诊断】皮肤药物反应与许多其他皮肤疾病相似，尤其是免疫介导性和自身免疫性皮肤病。

应注意与全身性红斑狼疮、表皮坏死松解症、大疱性天疱疮、寻常性天疱疮、真菌性肉芽肿、皮肤肿瘤等进行鉴别。

【治疗】在病变发展前，停止使用所有疑似致病药物2～4周，停止使用任何相关药物和与现用药物有相似化学结构的药物。

对于严重病例，使用皮质类固醇类药物。泼尼松，犬2 mg/kg、猫4 mg/kg，口服，每天1次，可能有效。甲基泼尼松龙，2 mg/kg，口服，每天2次。对于顽固性病例，使用免疫球蛋白缓慢静脉滴注可能有效。在病变痊愈后，药物剂量应当在4～6周内逐渐减少。

为防止继发感染，应用全身性抗生素，但此抗生素不能与疑似致病药物有关联。

【预防】禁用或慎用易引起药疹的药物，对有药疹病史的犬、猫应及时告知宠物主人。平时用药过程中应注意药疹的前驱症状，如发热、瘙痒、红斑、气喘、颤抖、烦躁不安等，及早发现，及时停药，避免严重不良反应发生。

任务反思 >>>

1. 药疹常见的临床症状是什么？怎样合理治疗药疹？
2. 落叶型天疱疮常见的临床症状是什么？怎样合理治疗落叶型天疱疮？
3. 盘状红斑狼疮常见的临床症状是什么？怎样合理治疗盘状红斑狼疮？
4. 脂膜炎常见的临床症状是什么？怎样合理治疗脂膜炎？
5. 皮脂腺炎常见的临床症状是什么？怎样合理治疗皮脂腺炎？
6. 犬嗜酸性肉芽肿常见的临床症状是什么？怎样合理治疗犬嗜酸性肉芽肿？
7. 皮肤血管炎常见的临床症状是什么？怎样合理治疗皮肤血管炎？

任务六 内分泌性皮肤病

扫码看彩图

任务目标 >>>

能辨别内分泌性皮肤病常见的临床症状，学会内分泌性皮肤病的实验室诊断方法；能对不同类型的内分泌性皮肤病进行合理的药物治疗。

任务准备 >>>

一、肾上腺皮质

肾上腺皮质是构成肾上腺外层的内分泌腺组织。它能分泌多种肾上腺皮质激素。肾上腺皮质由3层构成，最外层为球状带，中间为束状带，内层为网状带。球状带主要分泌盐皮质激素，束状带主要分泌糖皮质激素，网状带主要分泌性激素。脑垂体前叶的促肾上腺皮质激素具有促进肾上腺皮质发育和分泌的作用，但肾上腺皮质激素对脑及脑垂体都具有反馈作用，从而可调节促肾上腺皮质激素释放因子和促肾上腺皮质激素的分泌（图2-6-1）。

肾上腺皮质分泌与机体生命活动有重要关系的两大类激素，即盐皮质激素和糖皮质激素，同时还分泌少量性激素。盐皮质激素主要起保钠、保水和排钾的作用，在维持动物体正常水盐代谢、体液容量和渗透压平衡方面有重要作用。糖皮质激素包括可的松和氢化可的松（皮质醇）等。这类激素对糖、蛋白质和脂肪代谢都有影响，主要作用是促进蛋白质分解和肝糖原异生。当食物中糖类供应不足（如饥饿）时，糖皮质激素分泌增加，将促进肌肉和结缔组织等组织中蛋白质的分解，并抑制肌肉等对氨基酸的摄取和加强肝糖原异生，还促进肝糖原分解为葡萄糖释放入血以增加血糖的来源，血糖水平得以保持，使脑和心脏组织活动所需的能源不致缺乏。作为药物使用，大剂量的糖皮质激素有抗炎、抗过敏、抗休克和抑制免

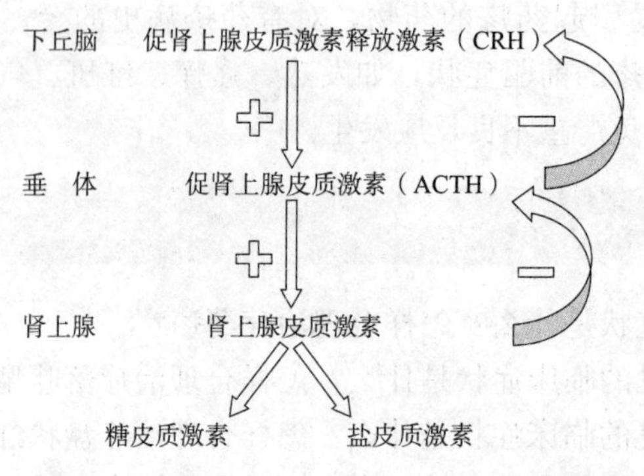

图 2-6-1　肾上腺皮质激素分泌调节示意

疫反应等作用，故临床上应用广泛。

在正常生理条件下，下丘脑分泌促肾上腺皮质激素释放激素（CRH），作用于垂体使其分泌促肾上腺皮质激素（ACTH），ACTH 进一步刺激肾上腺皮质使其分泌皮质醇；当机体循环血液中皮质醇达到一定浓度后，下丘脑-垂体-肾上腺皮质将通过负反馈调节，从而抑制垂体分泌 ACTH，最终使肾上腺分泌的皮质醇减少。

糖皮质激素在小动物临床上被广泛应用，特别是在控制过敏、自身免疫性疾病、炎症或肿瘤性疾病等方面发挥着重要的作用。

对于皮肤而言，过多的糖皮质激素可抑制表皮和成纤维细胞增殖；促进皮下脂肪降解；抑制毛发生长；延长毛发休止期时间；减少皮脂产生等。

二、甲状腺

犬甲状腺位于气管前部，在第 6、7 气管环两侧。腺体呈红褐色，包括两个侧叶和两叶之间的腺峡。甲状腺分泌的甲状腺激素受到由下丘脑分泌的促甲状腺激素释放激素（TRH）和由垂体分泌的促甲状激素（TSH）的调控（图 2-6-2）。

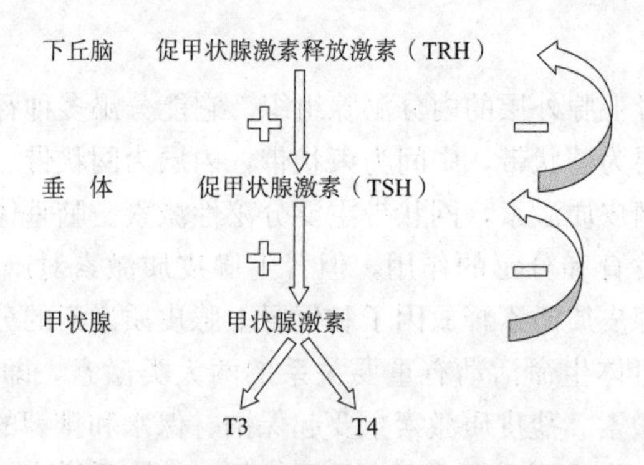

图 2-6-2　甲状腺激素分泌的调节示意

犬甲状腺分泌的激素为含碘的酪氨酸，主要有四碘甲腺原氨酸（T4）和三碘甲腺原氨酸（T3）两种。T4 全部由甲状腺分泌，而 37%～60%的 T3 来源于 T4 的转化。在循环血液中，T3 和 T4 都大部分与血液中蛋白质结合，而非蛋白结合形式，即游离形式，具有生物活性。甲状腺激素所涉及的生物学作用包括促进生长发育，调控糖、脂肪、蛋白质等三大营养物质的代谢，维持神经系统兴奋性等。

对皮肤而言，甲状腺激素可促进表皮的分化与成熟；促进表皮脂质屏障物质、胆固醇和脂肪酸的合成；促进毛发生长；促进皮脂的产生；促进皮肤成纤维细胞的代谢和增殖。另外，甲状腺激素对机体免疫功能也有重要影响。

任务实施 >>

内分泌性皮肤病防治

一、犬肾上腺皮质功能亢进

肾上腺皮质功能亢进又称库欣综合征，是由于机体循环血液中糖皮质激素长期处于过多状态，而引起的一系列综合征。

【病因】 根据病因不同可将该病分为：自发性肾上腺皮质功能亢进和医源性肾上腺皮质功能亢进两种。

自发性肾上腺皮质功能亢进因病变部位不同又可分为：垂体依赖性肾上腺皮质功能亢进和肾上腺依赖性肾上腺皮质功能亢进。

肾上腺依赖性肾上腺皮质功能亢进是由于肾上腺皮质分泌类固醇激素过多（主要是糖皮质激素，部分是盐皮质激素和性激素）所致。常见于肾上腺皮质部增生或肿瘤，且大多数为腺瘤，也有少部分是腺癌引起本病。

垂体依赖性肾上腺皮质功能亢进是由于垂体或垂体以外组织异常分泌过量的促肾上腺皮质激素（ACTH）引起，通常由腺瘤引起，还有少数为功能性垂体癌。也有少部分是由于下丘脑异常，分泌过量促肾上腺皮质激素释放激素（CRH），进而促进垂体分泌过多 ACTH 引起的；多发生于 6 岁以上的小型犬。垂体依赖性肾上腺皮质功能亢进是犬自发性肾上腺皮质功能亢进中出现最频繁的，所占比例为 80%～85%，而亢进的肾上腺瘤占 15%～20%。

犬医源性肾上腺皮质功能亢进是因为长期并大量使用糖皮质激素类药物引起的。长期大量使用糖皮质激素会抑制下丘脑释放 CRH，循环血液中 ACTH 浓度随之降低，从而导致机体两侧的肾上腺皮质萎缩。医源性肾上腺皮质功能亢进可以发生在任何年龄段的犬，尤其常见于用长效糖皮质激素控制慢性瘙痒症的犬。

【症状】

1. 皮肤症状　患犬毛发逐渐干燥无光，双侧对称性脱毛。脱毛可能遍布全身，但通常不累及头部和四肢。残存的毛发易脱落，脱毛处的皮肤变薄（图 2-6-3）、松弛，可见色素过度沉着，皮肤钙质沉积，黑头粉刺等，且皮肤容易感染。可继发慢性浅层或深层脓皮病、皮肤癣菌病、蠕形螨病等。

2. 非皮肤症状　表现为多饮、多尿、多食、烦渴，但体重可能无变化或消瘦。也可表现为肌肉萎缩、肝肿大、腹部下垂、喘气、运动不耐受、睾丸萎缩、不发情等症状，以及多种行为异常和由于肿瘤压迫导致的中枢神经症状。

【诊断】 结合病史及临床症状可初步诊断。当怀疑患犬有肾上腺皮质功能亢进时，应进行系统检查。

血液常规检查多见中性粒细胞和单核细胞增多，淋巴细胞减少和嗜酸性粒细胞减少。血

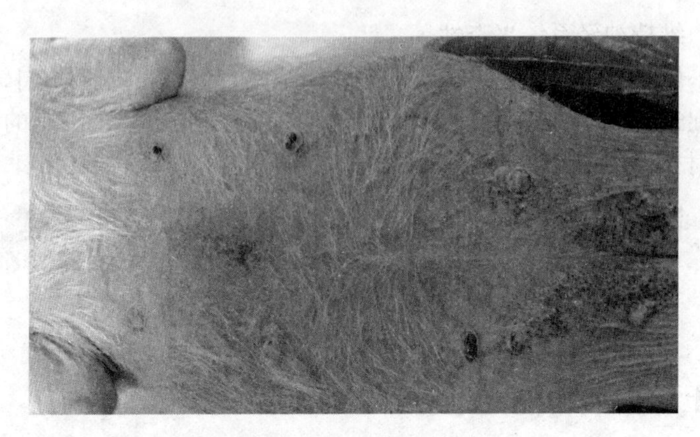

图 2-6-3　犬肾上腺机能亢进

清生化检查可见碱性磷酸酶、丙氨酸氨基转移酶轻度或显著升高，同时胆固醇、甘油三酯或葡萄糖水平轻度升高。

由于多饮多尿导致尿素和血磷水平下降，影像学诊断可见肝肿大，偶见肾上腺钙化。

肾上腺功能检查可用 ACTH 刺激实验（可的松）、低剂量（0.01 mg/kg）地塞米松抑制实验和高剂量（0.1 mg/kg）地塞米松抑制实验进一步诊断。

【鉴别诊断】应注意与甲状腺功能减退、性激素性脱毛症、剃毛后脱毛症、X 型脱毛、猫精神性脱毛等皮肤疾病进行鉴别。

【治疗】

1. 医源性肾上腺功能亢进　发病早期，可通过隔日逐步停喂皮质类固醇类药物的方法，减少对犬的外源性刺激，最终停止用药。同时，需要对患犬进行对症治疗，并给予高蛋白质饮食。

2. 自发性肾上腺皮质功能亢进　对于肾上腺瘤引起的肾上腺皮质功能亢进可手术切除肾上腺，不能施行手术的肾上腺肿瘤或已经转移的可使用米托坦或曲洛司坦治疗。米托坦可选择性地使肾上腺皮质束状带和网状带坏死，进而抑制可的松、皮质酮和醛固酮的产生。米托坦，50 mg/kg，混于食物中饲喂，每周 1 次；或 25 mg/kg，每周 2 次，直至症状控制，治疗过程中应密切关注饮水量。曲洛司坦，3～5 mg/kg，口服，每天 1 次，可抑制 3-β 羟基类固醇异构酶，进而抑制可的松、皮质酮和醛固酮的产生。可与食物一起给药，从低剂量开始逐渐增加剂量的方法进行，但需精确监测药量，以找到准确剂量。多数患犬有多样性的变化，需要密切监测。酮康唑，15 mg/kg，每天 1 次口服，但应监测肝功能。

放射疗法可用于治疗因垂体肿瘤引起的肾上腺皮质功能亢进的患犬，它可以减小瘤体的体积从而减轻对神经的压迫，但必须同时配合使用米托坦或曲洛司坦等药物减轻肾上腺皮质功能亢进的临床症状。

【预防】犬肾上腺皮质功能亢进病程缓慢，随着病情发展，不同患犬表现的症状不一。对于犬、猫的皮肤症状，应针对不同的病因采取综合性预防措施。

二、犬甲状腺功能减退

甲状腺功能减退又称阿迪森综合征，是由于甲状腺激素合成或分泌不足而导致的以全身新陈代谢变慢为特征的内分泌疾病。临床上以易疲劳、嗜睡、畏寒、皮肤增厚、脱毛和繁殖功能障碍为特征。根据发病原因可分为原发性和继发性甲状腺功能减退两种类型。

【病因】

1. 原发性甲状腺功能减退　多由慢性淋巴细胞性甲状腺炎或特发性甲状腺滤泡萎缩引起。约占甲状腺功能减退的90%。

慢性淋巴细胞性甲状腺炎被认为是一种自身免疫性疾病，是由细胞介导甲状腺的损伤，出现淋巴细胞浸润，伴有甲状腺实质的破坏甚至出现甲状腺萎缩。

特发性滤泡萎缩以甲状腺实质丧失，被结缔组织代替，而无炎性浸润为特征。病因至今尚不清楚，临床上出现甲状腺功能减退症状时，甲状腺萎缩至几乎消失。

另外，还见于碘缺乏、甲状腺切除、抗甲状腺药物应用等。先天性甲状腺功能减退罕见。

2. 继发性甲状腺功能减退　包括继发于垂体病变的甲状腺功能减退和继发于下丘脑病变的甲状腺功能减退。

继发于垂体病变的甲状腺功能减退，由于垂体损伤，分泌的促甲状腺激素（TSH）不足引起。分为先天性和后天性两种。前者与垂体性侏儒症有关，后者是垂体肿瘤压迫或取代垂体所致，常伴有一种或多种垂体激素分泌减少。

继发于下丘脑病变的甲状腺功能减退，由于下丘脑分泌的促甲状腺激素释放激素（TRH）不足引起，可分为先天性和后天性，或两种结合型，但引起促甲状腺激素释放激素缺乏的原因尚不清楚。

本病常见于犬，中年和老龄犬发病率较高，且雌性犬较雄性犬易发，偶有大型犬和巨型犬在青年期发病。本病罕见于猫。

【症状】甲状腺激素缺乏使机体所有细胞的代谢活性更低，进而影响动物机体多个器官系统的功能，其临床表现也是多方面的。

1. 皮肤症状　表现为鼻梁和尾巴脱毛，毛发粗糙无光泽，干燥、变脆。患犬可能双侧对称性脱毛，毛发易脱落，脱毛处皮肤色素过度沉着，皮肤增厚或触摸皮温较低，有冷感（图2-6-4）。由于皮肤黏蛋白沉积造成面部皮肤增厚和下垂，触之有肥厚感和捻粉样，但无指压痕。对于某些犬，可能仅有的症状是反复发作的脓皮症，或成年后发作的全身性蠕形螨感染。

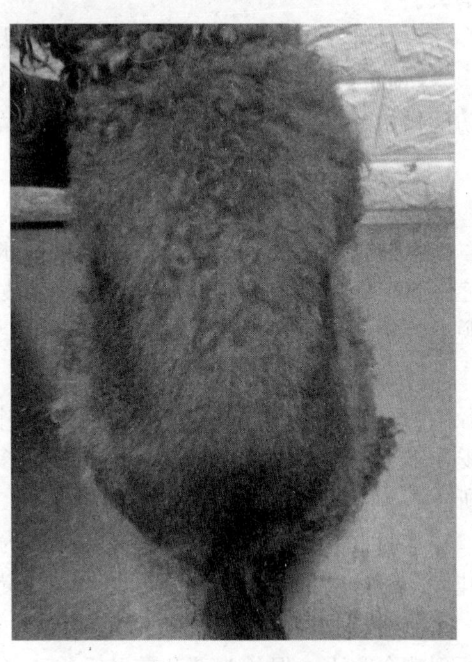

图2-6-4　犬甲状腺机能减退

2. 非皮肤症状　包括体温低、怕冷、嗜睡、精神萎靡、反应迟钝、共济失调或瘫痪、眼球震颤、歪头、体重增加或肥胖、心率慢或胃肠道症状，甚至呕吐或腹泻。

【诊断】甲状腺功能减退发病非常缓慢，本病的诊断，缺乏特异性的临床症状，因此应结合实验室检查进行综合诊断。

皮肤组织病理学检查常见脓皮症、马拉色菌性皮炎、脂溢性皮炎的非特异内分泌性变化。如果有皮肤黏蛋白沉积症的病理学变化，则高度提示甲状腺功能减退。

测定血清总甲状腺素（TT4）时，TT4 和 TSH 可能出现假阳性和假阴性结果，尤其 TT4 的血清水平容易受到外界因素的影响而升高或降低。因此，尽管 TT4 是一个很好的筛查手段，但不应单独作为甲状腺功能减退的诊断指标。

【鉴别诊断】 应注意与其他原因导致的内分泌性脱毛、浅表脓皮症、马拉色菌性皮炎及蠕形螨病等进行鉴别。

【治疗】 对继发性脂溢性皮炎、脓皮症、马拉色菌性皮炎，蠕形螨病要进行适当的局部和全身治疗。

对于原发性甲状腺功能减退的治疗，可使用左甲状腺素，0.01～0.02 mg/kg，口服，每天 2 次，直至症状缓解。

对于并发心脏病的患犬应先用少量左甲状腺素，然后逐步增加剂量的方法治疗。开始剂量为 0.005 mg/kg，口服，每天 2 次，逐渐按每 2 周增加 0.005 mg/kg，直至达到 0.02 mg/kg，口服，每天 2 次。

如果因药物过量导致甲状腺功能亢进，出现如烦躁、呼吸急促、多饮、多尿等症状时，则应评估血清 TT4 水平。如果血清 TT4 水平明显升高，应暂停给药直至药物的不良反应消失。

终身补充甲状腺素预后良好，但甲状腺功能减退导致的神经肌肉异常不一定完全恢复。

【预防】 本病发生与多种因素有关，如遗传因素、精神因素、环境因素等，没有很好预防的措施。平时注意增强机体免疫力，做到定期体检，及早发现疾病并采取甲状腺素治疗。

三、X 型脱毛症

X 型脱毛症是犬非瘙痒性、双侧对称性脱毛的综合征。临床上在排除了甲状腺功能减退症、肾上腺皮质机能亢进症、性激素性皮肤病引起的脱毛外，仍存在非瘙痒性、双侧对称性脱毛症状的，则考虑 X 型脱毛症。

【病因】 本病病因尚不清楚，但有数个推测理论。一种理论是肾上腺皮质机能异常，由轻微的垂体依赖性肾上腺皮质功能亢进引发；另一种理论推测是由于生长激素缺陷，肾上腺皮质产生的性激素失衡引起。当前理论多认为由于潜在疾病引起的局部毛囊受体调节异常所致。

本病常见于犬，成年犬的高发年龄为 2～6 岁，易发品种为松狮犬、博美犬、长毛吉娃娃犬、阿拉斯加雪橇犬、哈士奇和小型贵宾犬等品种。

【症状】 患犬颈部、尾巴、背部、会阴和大腿后侧部位的毛发渐进性脱毛，脱毛最终发展到整个躯干，但是头部和前肢毛发正常。脱毛为双侧对称，残留的毛发易于脱落，脱毛区的皮肤变薄，色素过度沉着，张力减退（图 2-6-5）。可能会继发轻度的脂溢性皮炎和浅表脓皮症，但没有明显的全身性病变。

【诊断】 本病无特征性临床症状，在排除其他内分泌性脱毛疾病的基础上可初步诊断。实验室皮肤组织病理学检查可见“火焰状”毛发病变。

伤口部位毛发再生，尤其是活检位置的毛发，也可作为诊断依据。

【鉴别诊断】 应注意与甲状腺功能减退、性激素性脱毛症、剃毛后脱毛症、猫精神性脱毛等皮肤疾病相鉴别。

【治疗】 本病可进一步观察而不予治疗，因为本病仅影响犬的美观而无其他健康问题。

公犬去势时，部分犬可能出现长期或暂时性毛发再生。

脱毛严重时可用药物刺激毛发再生。褪黑素，犬3～6 mg/次，口服，每天1次，直至毛发最大程度再生。曲洛司坦，体重小于2.5 kg的犬，20 mg/次；体重2.5～5 kg的犬，30 mg/次；体重5～10 kg的犬，60 mg/次，隔天1次，混于食物中饲喂。米托坦，15～25 mg/kg，混于食物中饲喂，隔天1次，连用5 d，然后降为维持量，15～25 mg/kg，混于食物中饲喂，每周1次。甲基睾酮，1 mg/kg（最大量30 mg），口服，每天1次，直至毛发再生，然后降为维持量，1 mg/kg（最大量30 mg），每周2次，持续2个月，症状稳定后降为每周1次维持治疗，通常对母犬有效。泼尼松，1 mg/kg，口服，每天1次，持续1周后逐渐降低剂量至0.5 mg/kg，隔天1次口服。

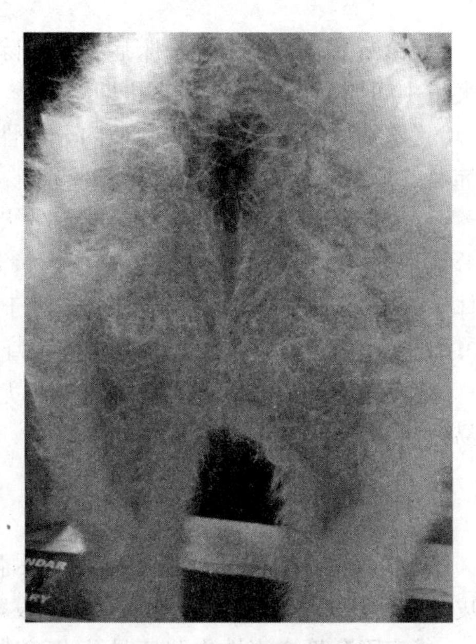

图2-6-5　X型脱毛

奥沙特隆醋酸酯，为抗雄激素和部分孕酮类药物，0.25～0.5 mg/kg，口服，每天1次，连用7 d。据报道称每3个月使用7 d可获得较好效果。

微针法，可机械性刺激毛发再生。方法为在麻醉状态下，用微针装置针刺脱毛部位，直至轻微出血。

无论采取何种治疗方法，毛发再生可能不完全或为暂时性。通常在治疗的6～8周可见毛发开始再生。如果治疗3个月后无反应，则应考虑更换治疗药物。

进行任何一种治疗前，应告知动物主人所用药物潜在的风险，且毛发再生的预后需谨慎。

【预防】不明原因的脱毛目前尚无有效的预防方法，注意加强日常护理，避免使用刺激性香波洗浴。

四、剃毛后脱毛症

脱毛症又称秃毛症、无毛症或稀毛症，是局部或全身被毛脱落的总称。剃毛后脱毛症的患犬常表现为被剪掉的局部毛发不能再生，这种再生困难经常发生于外科手术或美容剃毛后。

【病因】脱毛症可发生于各种犬，罕见于猫。其早期变化为色素沉着、多鳞屑、被毛稀疏等，随后出现脱毛症，对称性分布在腹侧、后肢部等。

剃毛后脱毛症按病因分为先天性和后天性两种。先天性多见于遗传因素；后天性脱毛症多继发于全身性疾病，如神经性疾病、内分泌性疾病、发热性疾病、营养障碍、中毒性疾病和某些恶病质等。

本病发生也可能与毛发受刺激引起的毛囊萎缩有关。

【症状】剃毛后几个月，剃毛部位与新剃毛不久的毛发状态一致，无新毛长出现象。其余部位毛发正常。

【诊断】根据病史、临床症状并排除其他类似疾病进行诊断。皮肤组织病理学检查可见大量中间期毛囊，少数为终止期毛囊。

【鉴别诊断】应注意与其他内分泌性脱毛，尤其是甲状腺功能减退、季节性脱毛、脓皮症、蠕形螨病和皮肤癣菌病等相鉴别。

【治疗】部分患有剃毛后脱毛症的犬通常可在数月内毛发自发性再生。

褪黑素，犬 3～6 mg/次，口服，每天 1 次。曲洛司坦，体重小于 2.5 kg 的犬，20 mg/次；体重 2.5～5 kg 的犬，30 mg/次。对于甲状腺功能低下犬可用左甲状腺素进行短期治疗，0.02 mg/kg，口服，每天 1 次，持续口服 4～6 周。

【预防】尽量减少不必要的剃毛，尤其是博美犬、松狮犬、阿拉斯加雪橇犬和哈士奇等易发品种。

五、性激素性脱毛症

性激素性脱毛症是未绝育犬、猫因性激素分泌过多引起的以脱毛为主要特征的内分泌性皮肤病。研究资料表明，未绝育犬的发病率比绝育后犬的发病率高近 40 倍。

【病因】性激素性皮肤病是公犬、猫睾丸（通常有睾丸肿瘤）分泌过多性激素或性激素前体物质引起的内分泌疾病。母犬、猫性激素性皮肤病可能是雌激素或孕酮水平过高引起的内分泌疾病。本病常见于未绝育母犬。

【症状】表现为腹部或躯干部慢性对称性脱毛，逐渐蔓延至会阴部、腹股沟部、臀部，或呈泛发性脱毛，但常不累及头部和四肢。残存的毛发容易脱落，脱毛处皮肤增厚，色素过度沉着，左右对称性苔藓化，可能继发脂溢性皮炎、浅表脓皮症和马拉色菌性皮炎。

公犬、猫可见前列腺肥大和前列腺炎的临床症状，睾丸可能是正常的或不对称的，或者触诊发现有隐睾。母犬、猫可见乳房发育异常，外阴红肿，有时有血样分泌物，性欲亢进，常爬跨其他犬或玩具等，有些犬有持久假孕、慕雄狂的病史。

【诊断】本病根据临床症状可初步诊断，实验室诊断包括皮肤组织病理学、性激素检测、公犬睾丸组织的病理学检查等。

【鉴别诊断】应注意与甲状腺功能减退、剃毛后脱毛症、X 型脱毛症、猫精神性脱毛等皮肤疾病相鉴别。

【治疗】对任何继发的脓皮症、脂溢性皮炎、前列腺炎和真菌性皮炎都应给予适当的全身药物治疗。

对未绝育母犬、猫，切除子宫卵巢是最好的选择；公犬、猫首选治疗方案是去势。对非转移性肿瘤，或雌激素诱导骨髓中毒症的患犬、猫，术后预后良好，去势后 3 个月可见毛发再生。

【预防】不做种用的犬、猫应做绝育手术。绝育手术可避免犬、猫一系列生殖系统及相关疾病。如卵巢肿瘤、卵巢囊肿、假孕、乳腺肿瘤、子宫蓄脓等疾病；降低公犬、猫前列腺增生、前列腺炎症的概率，减少会阴疝、腹股沟疝的发生率等。

六、犬复发性腹侧对称性脱毛

控制或影响毛发生长的因素很多，机制非常复杂。影响毛发周期和被毛的外在因素包括光照、温度、营养、激素、全身状况、基因和其他一些尚不了解的原因。影响毛发的内在因素包括毛囊内的生长因子和细胞因子、真皮乳突和其他细胞，如淋巴细胞、巨噬细胞、成纤维细胞和肥大细胞等。

毛发的生长周期可分为生长期、中间期和终止期。在生长期，毛囊会非常活跃地生发毛发，而终止期毛囊中是即将脱落的棒状毛，中间期是生长期和休止期之间的中间过渡阶段。

人们经常注意到某些品种的犬如贵宾犬、比熊犬、英国古代牧羊犬和雪纳瑞犬的毛发总是长个不停，因而推测这些品种的毛发生长期较长，但是目前尚未有人对此现象做研究。每个个体的毛发周期以及各个阶段的持续时间会随很多因素的改变而变化。例如年龄、身体部位、品种和性别，以及其他生理和病理因素等。

毛囊的循环活性和周期性脱毛是动物机体的一种功能，通过这种功能可使动物的毛发更加适应所处的温度或环境。

光周期的变化对此功能的影响很大，它通过对下丘脑、脑垂体、松果体的影响，调节各种激素水平的变化，如黑色素、促乳素、性腺激素、甲状腺激素、肾上腺激素等，而这些激素是改变毛囊内在节律的关键。北半球且纬度高的地区的犬、猫会表现明显的春秋季脱毛，而冬季则相反。许多犬、猫，尤其是室内饲养的犬、猫，会因为人工光线而导致全年都在脱毛。

由于毛发主要由蛋白质组成，营养对毛发的数量和质量也有重要影响。营养不良会使毛发暗淡、易脆、干燥、细弱，色素分布异常。疾病状态下，生长初期的毛囊维持时间缩短，相应的，终止期毛囊数量增加。由于终止期毛发容易丢失，患病动物会在疾病中表现为毛发的过度脱落。

【病因】本病确切病因不明，但可能与光照控制的褪黑素和催乳素分泌有关。对反复发作的病犬，可见脱毛面积和持续时间逐步增加。本病多见于犬，猫罕见。

【症状】本病无瘙痒和炎症表现，胸腰部区域脱毛，界限清晰，通常对称，但也可能非对称或单侧发病。病变处皮肤继发色素过度沉着。患犬没有全身性症状。

【诊断】根据反复脱毛的病史和典型的临床症状，同时排除其他脱毛的原因可初步诊断。实验室皮肤组织病理学检查可见毛发发育不良，毛囊被角质填塞，且深层真皮内有指状突起。可能见到毛囊内和皮脂腺管内沉着的黑色素增加。

【鉴别诊断】应注意与浅表脓皮症、蠕形螨病、皮肤癣菌病，以及其他内分泌疾病，尤其是甲状腺功能减退和局部类固醇反应性皮炎等进行鉴别。

【治疗】本病可仅观察而不做治疗，因为本病仅影响美观，并不影响身体健康。

脱毛严重时可进行药物治疗。褪黑素，犬 3～6 mg/次，口服，每天 1～2 次，如果有效，可持续给药直至获得很好效果。

低水平激光治疗可刺激非炎性脱毛区域毛发再生。每周 2 次，连续 2 个月。

毛发再生的预后多样。即使没有治疗，通常在 8 个月后，毛发自发地再生。然而，再生可能不完全，并且新生的毛发可能质地干燥，无光泽。

【预防】本病目前没有很好的预防方法。可在每年发病前 4～6 周，预先给予褪黑素以防止发病。

七、猫精神性脱毛

猫精神性脱毛通常表现为自我诱导性脱毛。脱毛通常是由于过度梳理、舔舐、啃咬或牵拉毛发所致。

【病因】过度和频繁理毛被认为是由环境压力和焦虑（如主人分离、搬家、伴侣死亡、新宠入住等）引发的强迫行为。这种异常行为导致的脱毛和皮炎纯种猫更易发，主要是由于纯种猫高度敏感，应激的环境使它们更可能对此病易感。

猫精神性脱毛是一种非常容易被过度诊断的疾病，而跳蚤过敏、食物过敏、异位性皮炎和其他外寄生虫病才是猫脱毛更常见的病因。

【症状】表现为频繁梳理和舔舐毛发，造成毛发脱落。脱毛可以是局部、多病灶或泛发性发生（图 2-6-6）。脱毛部位可发生在猫能舔到的身体任何部位，但最常发生在前腿内侧、大腿内侧、会阴和腹部，且脱毛通常呈对称性。由于过度理毛造成的局部皮肤破损现象非常罕见。在猫的呕吐物中可见毛球或粪便中看到毛发。

图 2-6-6　猫精神性脱毛

【诊断】根据病史，通常在受到应激因素作用或环境改变后，出现过度理毛行为，结合临床症状，排除外寄生虫和其他过敏性疾病可作出诊断。

【鉴别诊断】应注意与跳蚤过敏性皮炎、食物过敏、皮肤癣菌病、外寄生虫感染等相鉴别。

【治疗】找到潜在的引起精神压力的环境因素并给予适当的环境改善。

可采用机械性防护，如佩戴伊丽莎白项圈，防止过度梳理毛发。

行为纠正药物有助于缓解异常的理毛行为，可能有效的药物包括：阿米替林，5～10 mg/次，口服，每天 1～2 次；氯米帕明，1.25～2.5 mg/次，口服，每天 1 次；丁螺环酮，1.25～5 mg/次，每天 2 次；苯巴比妥，4～8 mg/次，口服，每天 2 次；纳洛酮，1 mg/kg，皮下注射。有些病例治疗 30～60 d 后可停止用药，另一些病例则需终身用药。

毛发再生的预后不定，取决于是否能找到潜在病因并纠正。精神性脱毛只是一种视觉美容性疾病，因此也可以只观察而不治疗。

【预防】平时应注意生活环境的稳定、安静。

任务反思

1. 犬肾上腺皮质功能亢进常见的临床症状是什么？怎样合理治疗犬肾上腺皮质功能亢进？

2. X 型脱毛常见的临床症状是什么？怎样合理治疗 X 型脱毛症？

3. 剃毛后脱毛症常见的临床症状是什么？怎样合理治疗剃毛后脱毛症？

4. 性激素性脱毛症常见的临床症状是什么？怎样合理治疗性激素性脱毛症？

5. 犬复发性侧腹对称性脱毛常见的临床症状是什么？怎样合理治疗犬复发性侧腹对称性脱毛？

6. 猫精神性脱毛常见的临床症状是什么？怎样合理治疗猫精神性脱毛？

扫码看彩图

任务七　皮肤肿瘤

任务目标

能辨别皮肤肿瘤常见的临床症状，学会常见皮肤肿瘤的实验室诊断方法；能对不同类型的皮肤肿瘤进行合理的手术治疗和药物治疗。

任务准备

皮肤肿瘤

皮肤肿瘤是发生在皮肤上的细胞增生性疾病，是动物临床上的常见病。有资料显示，皮肤肿瘤约占犬所有肿瘤病例的33%，猫皮肤肿瘤的发病率仅次于淋巴瘤。肥大细胞瘤是犬最常见的皮肤肿瘤，而猫肥大细胞瘤在所有皮肤肿瘤中位居第二位。在动物临床上，20%～30%的皮肤肿瘤为恶性肿瘤，而猫的皮肤肿瘤恶性程度高达50%～65%。

皮肤肿瘤的发生多是由于多种内在和外在因素协同作用引起组织细胞的异常性增生所致。其中，外在因素包括化学性致瘤物质、紫外线、电离辐射、病毒感染等；内在因素包括遗传因素、免疫缺陷等。有数据表明，因长时间日晒导致的日光性皮炎可使犬皮肤血管瘤、血管肉瘤、鳞状上皮癌及猫鳞状上皮癌的发病率升高。

临床上将发生在皮肤上的肿瘤分为良性肿瘤和恶性肿瘤。恶性肿瘤可以不断增殖，并发生转移，威胁动物生命，称为皮肤癌。

良性皮肤肿瘤是来源于皮肤的一类良性肿瘤的总称，多数来源于鳞状上皮、毛囊、皮脂腺、汗腺、真皮的结缔组织、血管、神经及皮下脂肪组织等。此类肿瘤界限清晰，边缘整齐，表面平滑，瘤体对称性强，组织病理学检查肿瘤细胞核的大小、形态一致，排列规则，分化好，生长快，但其生长并不具破坏性，一般不发生转移。常见于皮脂腺瘤、纤维瘤、血管瘤、皮下脂肪瘤、组织细胞瘤等。

恶性皮肤肿瘤是一类起源于表皮基底细胞或毛囊外根鞘的肿瘤。此类肿瘤界限不清晰，边缘不整齐，表面可发生溃疡、出血，瘤体不对称，组织病理学检查瘤细胞核的大小、形态不一致，排列不规则，肿瘤呈浸润性、破坏性生长，最终将发生转移。常见于纤维肉瘤、血管肉瘤、肥大细胞瘤、鳞状细胞癌、恶性黑色素瘤、基底细胞癌等。

任务实施

皮肤肿瘤防治

一、皮脂腺瘤

皮脂腺瘤和皮脂腺瘤样病变多见于犬，猫也时有发生，其他动物较罕见。皮脂腺的良性肿瘤包括结节样皮脂腺增生、皮脂腺上皮瘤和皮脂腺腺瘤。皮脂腺瘤多见于老龄犬、猫。

【病因】

1. 皮脂腺增生　多表现为一种衰老性变化。猫多数没有明显的品种倾向性，但母猫发病比例高于公猫。

2. 皮脂腺瘤　常见于老龄犬、猫。金毛寻回猎犬、哈士奇、萨摩耶犬是易发品种，而猫多见于波斯猫、东方短毛猫等品种。

3. 皮脂腺上皮瘤　查理王猎犬、可卡犬、哈士奇等犬种易发。公犬和母猫易发。

【症状】病变常见于犬的头部、颈部、躯干、四肢和眼睑；猫的头部、眼睑和四肢部位常见。

良性皮脂腺瘤通常单个或多发、坚硬、隆起，多数情况下呈独特的疣状或菜花状，直径从几毫米至数厘米不等（图 2-7-1），破溃时可流出红褐色分泌物，伴随脱毛、结痂和溃疡。

皮脂腺增生时，病变最常出现的部位是头部和腹部。皮脂腺增生通常表现为多个丘疹状肿块，直径一般不超过 1 cm，表面有光泽，呈角质化。

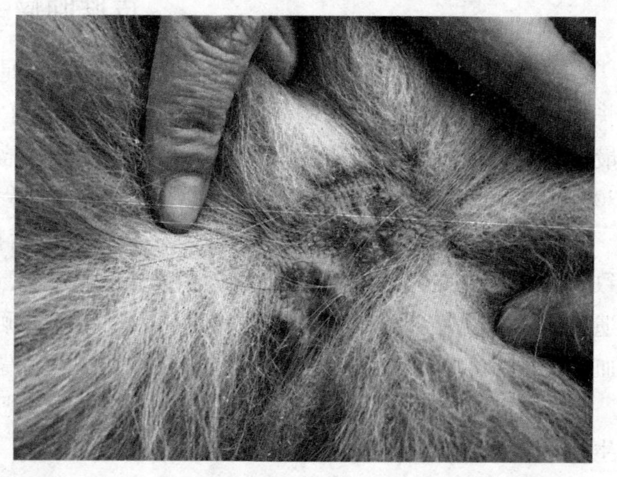

图 2-7-1　皮脂腺瘤

【诊断】根据病史和临床症状可初步诊断，确诊需要进一步实验室检查。

1. 细胞学检查

（1）结节性皮脂腺增生和腺瘤。细胞外观与正常皮脂腺细胞类似，细胞成团剥落，细胞核小而色深，细胞质含浅蓝色空泡。

（2）皮脂腺上皮瘤。多见形态一致的小黑色素上皮细胞或伴有少量皮脂腺细胞。

2. 组织病理学检查

（1）结节性皮脂腺增生。出现多个扩大的成熟皮脂腺小叶与单个周围基底样上皮细胞，无有丝分裂细胞。

（2）皮脂腺腺瘤。大量成熟的皮脂腺小叶，基底细胞样上皮细胞增多，有丝分裂活性低。

（3）皮脂腺上皮瘤。基底样上皮细胞小叶具有活性胶原蛋白，有丝分裂活性高。

【鉴别诊断】应注意与犬汗腺瘤、皮肤脂肪瘤、皮下蜂窝织炎、皮下脓肿等疾病相鉴别。

【治疗】通常可选择不治疗，密切观察。但对影响到美观或引起犬不适的良性皮质腺瘤，选择手术切除。对于全身良性皮脂腺瘤而不能切除的犬，可采用维甲酸进行治疗，1～2 mg/kg，口服，每天 1 次，连用 1～2 个月。

对于恶性皮脂腺癌，首选切除治疗，但由于肿瘤具有扩散性，所以也可采取放射疗法进行辅助治疗。

如果手术切除部位有残留，会导致良性肿瘤增生或复发，口服维生素 A 药物可能会防止皮脂腺增生。

【预防】对于皮脂腺瘤瘤体较小的，可选择不手术，梳理毛发过程中应防止破裂和溃疡，猫应防止舔舐肿瘤。

二、肛周腺瘤

肛周腺瘤通常分为肛周腺腺瘤和肛周腺腺癌。肛周腺腺瘤来源于皮脂腺，是一种变异的皮脂腺瘤，因其细胞形态与肝细胞非常相似，又称为肝样腺瘤。肛周腺腺癌的外观与腺瘤类似，但其生长迅速，并发生溃疡，易发生转移。肛周腺腺瘤常见于老龄犬，未去势公犬发病率高。哈士奇犬、萨摩耶犬、京巴犬、可卡犬是易发品种。肛周腺腺癌是发生在犬的一种不常见肿瘤。哈士奇犬、阿拉斯加雪橇犬和斗牛犬是易发品种。

【病因】雄激素可刺激肝样腺体的发育，肛周腺腺瘤上有睾酮受体，故发病与雄激素的影响密切相关。

因猫没有肝样腺，故本病仅见于犬。

【症状】

1. 肛周腺腺瘤　有肝样腺的部位均可发生，但多发生在肛周区域，尤其是肛门和尾根部。眼观病变为单个或多个真皮内结节，生长缓慢，坚硬，大小不一，通常与周围组织界限分明，隆起、发红或有瘙痒。大的肿瘤可压迫肛门，造成排便困难。

2. 肛周腺腺癌　肛周腺腺癌少见，在肛周常表现为结节状病变，外观与肛周腺腺瘤类似，通常较大，呈浸润性、溃疡性肿块，易发生转移。

【诊断】根据病史和临床症状可作出初步诊断，确诊需要进一步实验室检查。

1. 细胞学检查　大的圆形或多面体肝样上皮细胞团，细胞内含有丰富的淡蓝色细胞质、圆形或椭圆形细胞核，以及1～2个核仁。也常看到少量较小的上皮“补充细胞”。在细胞学上不能将腺癌与腺瘤精确区分。

2. 组织病理学检查　肛周腺腺瘤界限明显，由多个小叶组成，肝样细胞呈索状排列于小叶中央。在腺瘤中很少见到有丝分裂象。

肛周腺腺癌与肛周腺腺瘤外观类似，但肛周腺腺癌界限不明显，浸润皮下的肌肉和脂肪组织，增生的细胞主要以肝样细胞为主，细胞大小不均或细胞核大小不均，细胞分化程度低，且常存在有丝分裂象。

【鉴别诊断】应注意与肛周瘘、会阴疝、肛门囊炎等疾病相鉴别。

【治疗】对于未去势公犬，去势和肿瘤切除是治疗大多数肛周腺腺瘤的首选。对于较大肿瘤或弥漫性良性病变，首先去势，然后等数月后肿瘤体积缩小时再进行切除，更容易实施手术。

冷冻疗法或激光疗法可用于直径小于1～2 cm的肛周腺腺瘤。

肛周腺腺癌去势后不会消退，完全切除是治疗的首选。对于不完全切除的肿瘤病例，放疗或化疗可减缓病情的发展。

【预防】对不做种用的犬应及早做绝育手术，以防止本病发生。

三、纤维瘤和纤维肉瘤

纤维瘤是皮肤或皮下成纤维细胞的良性肿瘤，主要由密集成熟的成纤维细胞和胶原纤维构成。虽然具有局部浸润性，但是本质上没有转移能力，危害较小，常见于头部和四肢，多发于金毛寻回猎犬和杜宾犬，猫少见。

纤维肉瘤是源自于皮肤或皮下成纤维细胞的恶性肿瘤，是具有侵袭性的间质组织肿瘤，主要由成纤维细胞组成，是猫常见的软组织肿瘤。

【病因】纤维瘤病因不明，有些病例可能与创伤有关。犬纤维肉瘤是自发性的，猫可能自发，也可由猫肉瘤病毒或疫苗注射引起，尤其是猫的白血病、狂犬病疫苗等易引发。

猫的纤维肉瘤有 3 种类型：第一种是由猫肉瘤病毒引起的多中心性纤维肉瘤，一般发生于 4 岁以下猫；第二种是发生于青年猫或老龄猫的单个肉瘤；第三种是发生于已接种疫苗的软组织上的纤维肉瘤。与接种其他病毒或细菌疫苗相比，接种狂犬病疫苗和猫白血病疫苗更易产生纤维肉瘤。在疫苗诱导的纤维肉瘤中，含铝的佐剂疫苗更易诱发肿瘤。

纤维瘤可发生于所有的犬、猫，但主要发生于老龄犬。凡有结缔组织的部位均可发生，头和四肢是最易发病的部位。

纤维肉瘤是猫常见的软组织肿瘤，犬也较常见，罕见于其他动物。犬的纤维肉瘤多见于躯干及四肢。

【症状】

1. 纤维瘤 发生于皮肤的真皮层或皮下组织中，表现为单个、界限清晰、坚硬的皮肤或皮下肿块，圆顶样或有蒂，表皮可能脱毛或萎缩。该肿瘤可发生于身体的任何部位，但常见于头部、四肢和腹侧。

2. 纤维肉瘤 起源于皮肤和皮下组织，同纤维瘤相比，这类肿瘤更容易发生溃疡并继发感染。

犬常表现为单个坚硬的皮下肿块，界限不清，结节样或形状不规则，大小不等，其表面无被毛，可能会溃疡。常出现于头部和四肢近端。

猫常表现为增殖迅速的皮下或表皮肿块，坚硬，界限不清，结节样或形状不规则。常出现于躯干、四肢远端和耳郭。

【诊断】根据病史和临床症状可作出初步诊断，确诊需要进一步实验室检查。

1. 纤维瘤

（1）细胞学检查。可见少量均一的纺锤形细胞，内有圆形或卵圆形深色细胞核位于细胞中部或偏于细胞一端，细胞核表现为中度至明显的嗜碱性染色，核内有 1～2 个单独的圆形核仁。

（2）皮肤组织病理学。成熟成纤维细胞的皮肤或皮下结节，界限清晰，成纤维细胞含有丰富的胶原物质，这些胶原物质代替了正常的皮肤附属器。很少见到有丝分裂象。

2. 纤维肉瘤

（1）细胞学检查。细胞可能为梭形、椭圆形或星形，细胞大小不一，细胞质嗜碱性染色性加强，可能含有多个细胞核，细胞核大小不一，细胞核和细胞质的比例增高，细胞核中出现多个核仁，核仁的大小不一。细胞的多形性、细胞核大小和细胞质的嗜碱性因肿瘤分化程度而异。

（2）皮肤组织病理学。偶见饱满的纺锤形细胞的杂乱交错束，这些细胞有侵袭性，无包膜，有丝分裂活性强，多核细胞数目和胶原蛋白量各异。疫苗诱发病变可见外周淋巴结及肉芽肿性炎症。与和疫苗无关的肿瘤相比，猫疫苗诱发的肿瘤有更广泛的坏死，更严重的多形性和更高的有丝分裂指数。

【鉴别诊断】应注意与结节性皮肤纤维化、顶浆分泌腺肿瘤、基底细胞瘤等疾病进行鉴别。

【治疗】对于纤维瘤，多为良性肿瘤，可以观察而不予治疗。对于影响美观的病变，需要进行治疗时，一般采取手术切除。对于纤维肉瘤，单个肿瘤可采取广泛、深入的手术切除，或切除患肢。肿瘤难以完全切除的病例可在术前或术后采用放射疗法。对未切除的肿瘤，化疗可有效抑制不可切除的肿瘤。

【预防】注射疫苗尽量选择四肢部位，尤其是含铝佐剂的猫白血病、狂犬病疫苗。

四、血管瘤和血管肉瘤

血管瘤是血管内皮细胞的良性肿瘤，多发生于犬，猫少见。血管肉瘤是一种血管内皮细胞的恶性肿瘤，故又称血管内皮肉瘤或恶性血管内皮细胞瘤，常见于犬和去势后的老龄公猫。

【病因】

1. 血管瘤 多见于成年犬，尤其是那些色素少、腹部被毛稀疏的犬，如大麦町犬、比格犬等品种，这表明可能肿瘤与紫外线暴露有关。非日光诱导发病的易感品种包括拳狮犬、史宾格犬、德国牧羊犬和金毛寻回猎犬。本病少见于猫。

2. 血管肉瘤 皮肤处的肿瘤可能为原发的，也可能为转移的。短毛，皮肤色素少的犬，如比格犬、大丹犬、英国斗牛犬等品种易发。该肿瘤易在白色猫的头部和耳部生长，常见于去势后的老龄公猫。

【症状】

1. 血管瘤 通常为单个皮肤或皮下结节，圆形。界限清晰，坚硬或有波动感，隆起，浅蓝色或红黑色，肿瘤大小不一。脱毛皮肤的血管瘤表现为血管丛或血管斑块状聚集。肿瘤常见于犬的躯干和四肢，猫的头部和四肢。

2. 血管肉瘤 肿瘤出现在真皮或皮下组织，外观形态差异大，临床表现与血管瘤类似，或表现为界限不清的皮下海绵样暗红色或黑色团块，常见脱毛、出血和溃疡。

血管肉瘤生长速度快，常可造成大面积坏死和血栓。该肿瘤常发生远端转移，特别是可转移至肺和肝。

【诊断】根据病史和临床症状可作出初步诊断，确诊需要进一步实验室检查。

1. 血管瘤

（1）细胞学检查。多数病例血液里含有一些外观正常的内皮细胞，细胞为卵圆形、星形或纺锤形，内含浅蓝色细胞质和介质。圆形细胞核内含有1～2个小核仁。

（2）皮肤组织病理学。由扩张的充血腔形成界限清晰的真皮或皮下结节，这些腔有外观相对正常的扁平内皮细胞囊，无有丝分裂象。日光诱导的病变可能伴随日光性皮炎和弹性组织变性。

2. 血管肉瘤

（1）细胞学检查。多数病例的血液中含有肿瘤内皮细胞，外形正常或较大，细胞多形性明显，嗜碱性细胞质，核仁明显。

（2）皮肤组织病理学。真皮和皮下出现侵袭性、不规则、浓染纺锤形细胞肿块，易形成血管槽。

【鉴别诊断】应注意与淋巴管瘤、血管外皮细胞瘤、顶浆分泌腺肿瘤、基底细胞瘤等疾病进行鉴别。

【治疗】

1. 血管瘤 手术切除一般为首选方法。因该肿瘤多为良性，如果存在手术禁忌，可只观察而不治疗。

2. 血管肉瘤 日光诱导的犬皮肤血管肉瘤一般没有侵袭性，但在未来几年内可能会不断出现无数肿瘤，必要时，可采用局部冷冻疗法治疗浅表部位的肿瘤，避免进一步发生日光损伤可减少新发肿瘤的发生。

对侵害到真皮的肿瘤，需要辅助化疗，用长春新碱、多柔比星和环磷酰胺进行的辅助化疗可以使血管肉瘤缩小，但是化学疗法对全身性肿瘤的控制效果，放射疗法对局部肿瘤的控制效果以及长期存活率都有待进一步确定。

【预防】为了防止新的日光诱发病变出现，需要避免紫外线照射。

五、脂肪瘤

脂肪组织瘤包括脂肪瘤、浸润性脂肪瘤、脂肪肉瘤。脂肪瘤是皮下脂肪细胞的良性肿瘤，常见于老年犬。

【病因】常见于犬，尤其是绝育后、老龄、肥胖的母犬。杜宾犬、拉布拉多犬和迷你雪纳瑞犬易发本病。偶见于猫，暹罗猫可能有品种易感性，尤其是去势后的老龄暹罗公猫最常见。

【症状】脂肪瘤常见于胸部、腹部和四肢。该肿瘤的形状多变，表现为单个或多个界限清晰、圆顶或多分叶状、软或坚硬的游离皮下肿块，肿瘤大小不一。有时肿瘤也表现为大而软，界限不清，且部位固定，可侵袭至其下的肌肉、肌腱和筋膜，但并不常见。

【诊断】根据病史和临床症状可作出初步诊断，确诊需要进一步实验室检查。

1. 细胞学检查 肉眼可见抽吸物呈油状，并常溶于含酒精的染剂中，空白区留下数量不一的脂肪细胞，浓缩细胞核被细胞内的脂肪滴挤压到细胞膜上。

2. 皮肤组织病理学 界限清晰的结节由成熟脂肪细胞坚固层组成，多被成熟纤维组织包裹。无有丝分裂象。

【鉴别诊断】应注意与囊肿、血肿、脓肿、淋巴外渗以及浸润性脂肪瘤、脂肪肉瘤、淋巴管瘤、基底细胞瘤等其他皮肤及软组织肿瘤相鉴别。

【治疗】界限清晰的小肿瘤可只观察而不治疗，影响美观或生长迅速的肿瘤可手术切除。侵袭性脂肪瘤可在早期彻底切除，如果切除不完全可在术后采用放疗或化疗辅助治疗。

【预防】包囊完整的脂肪瘤预后良好，侵袭性脂肪瘤的预后谨慎，术后常会复发。侵袭性脂肪瘤会破坏周围肌肉和结缔组织，但不发生转移。

六、肥大细胞瘤

肥大细胞瘤是犬常见的皮肤肿瘤，是真皮组织中的肥大细胞引起的肿瘤。在犬，该肿瘤的恶性程度高度可变；而在猫，通常是良性的。

【病因】病因尚不清楚，但基因突变在等级较高的肥大细胞瘤中更为常见。老龄犬、猫高发。小于4岁的暹罗猫倾向于患皮肤肥大细胞瘤。

犬肥大细胞瘤的易感品种有拳狮犬、巴哥犬、波士顿梗犬、拉布拉多犬、比格犬、沙皮犬、金毛寻回猎犬等品种。暹罗猫易感。

【症状】表现为在躯干、会阴部、四肢、头部和颈部皮肤或皮下组织出现单个肿块，但也可能出现多个肿块。病变表现多样，包括皮肤或皮下水肿、丘疹、结节或有蒂的肿块，直径从几毫米至数厘米不等。肿瘤界限可能模糊或清晰，软或硬。其表面可能脱毛、溃疡、红斑、色素过度沉着等。有些病例并发胃、十二指肠溃疡或凝血障碍，主要继发于肥大细胞颗粒释放，进而出现厌食、呕吐、黑粪症等。

当高度分化的肿瘤转移至淋巴结时则可发生局部淋巴结肿大。肝肿大及脾肿大是肥大细胞瘤扩散的特征。

猫皮肤肥大细胞瘤最常见于头部和颈部。猫的大多数皮肤肥大细胞瘤为分化较好的良性肿瘤，通常表现为单个的皮内结节，表面可能有红斑、脱毛或溃疡，肿瘤大小不等。尽管患病猫常会有间歇性瘙痒和自损性创伤，但很少有全身性病变。

【诊断】根据病史和临床症状可作出初步诊断，确诊需要进一步实验室检查。

1. 细胞学检查　可见许多圆形细胞，细胞核圆形，细胞质含嗜碱性颗粒，呈片状或块状，因肿瘤级别不同而染色各异，恶性肥大细胞常常无颗粒。嗜酸性粒细胞可能与肿瘤细胞同时存在，若有大量嗜酸性粒细胞浸润则可提示肥大细胞瘤（图2-7-2）。

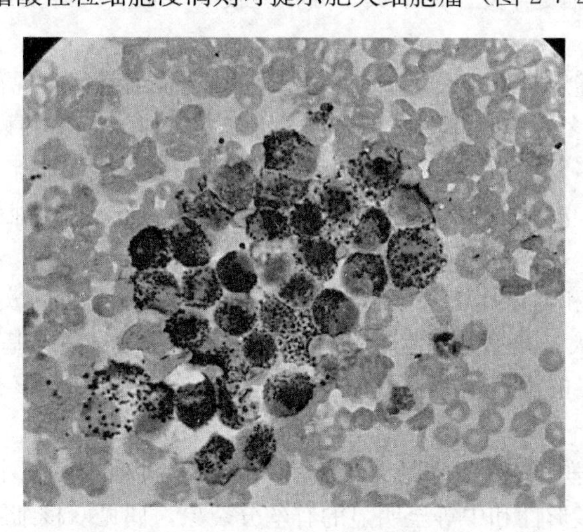

图2-7-2　肥大细胞瘤

2. 皮肤组织病理学　细胞形成无包囊的侵袭层或致密压缩层，这些细胞的圆形细胞核位于中央，并含有丰富的细胞质，细胞质中的颗粒具有不同程度的嗜碱性。可能伴随很多嗜酸性粒细胞。组织病理学显示年轻猫的组织细胞性肥大细胞瘤颗粒少，并含有淋巴样聚集物。如果患病犬、猫的肿瘤分化较低，切除不完全，或有全身性疾病，应考虑是否出现转移。

【鉴别诊断】 应注意与脂肪瘤、脓肿、囊肿及其他皮肤肿瘤等疾病相鉴别。

【治疗】

1. 犬肥大细胞瘤 对于单个、无转移的肿瘤，选择大面积切除手术，通常是治疗一级和二级肿瘤的有效方法；累及淋巴结但尚未发生全身性转移的病例，建议将原发性肿瘤和累及的淋巴结全部切除。

弥散性发病的动物，化疗的作用有限，存在弥漫性病变的犬可用泼尼松治疗，2 mg/kg，口服，每天 1 次，连用 2 周；逐渐减至 1 mg/kg，每天 1 次，连用 2 周；最后减至 1 mg/kg，2 天 1 次，长期使用。

发生转移的病例可采取姑息疗法，包括使用 H_1 受体阻断剂，如苯海拉明；H_2 受体阻断剂，如西咪替丁、法莫替丁、雷尼替丁；或质子泵抑制剂，如奥美拉唑等，以减少组胺过多释放对胃肠道的影响。

2. 猫肥大细胞瘤 一些类型可自行康复，手术切除也是治疗的一种选择。

【预防】 影响犬肥大细胞瘤预后的因素包括肿瘤的组织学级别、肿瘤位置、品种。猫的原发性肥大细胞瘤预后通常较好。

七、浆细胞瘤

皮肤浆细胞瘤是一种源自于浆细胞的肿瘤，虽然过去对其来源一直存有争议，但是由于肿瘤细胞可以特征性地表达胞浆免疫球蛋白，也可产生原发性淀粉样变性，因此目前对于其来源于淋巴浆细胞没有异议。

【病因】 犬少见，猫更罕见。可卡犬、苏格兰梗犬、贵宾犬等发病风险高；年龄较大的犬、猫发病率高。

并发的多发性骨髓瘤罕见于犬，但猫常见，尤其当浆细胞瘤出现在肘关节时。

【症状】 浆细胞瘤多见于外耳道、唇部、躯干或指（趾）部。肿瘤一般较小，且通常为单个病变，少部分为多发性。大多数肿瘤呈局灶化，表现为界限清晰，柔软或坚硬，偶尔有蒂或溃疡，呈红斑样。皮肤结节直径从几毫米至数厘米不等。指（趾）部的病变可能溃疡，并易出血。

【诊断】 根据病史和临床症状可作出初步诊断，确诊需要进一步实验室检查。

1. 细胞学检查 大量典型浆细胞，具有细胞核旁苍白区（高尔基体），也可能伴随少量类浆细胞，内有中等量的深蓝色细胞质和圆形的偏心细胞核，细胞核有斑点状的染色质，常见双核和多核细胞。

2. 皮肤组织病理学 界限清晰的圆细胞肿瘤，细胞排列成坚实小叶，由柔嫩的基质隔开。可见明显的细胞多形性和中等至明显的有丝分裂象，偶见双核细胞。易识别的具有核旁苍白区的浆细胞，主要分布于外周。

【鉴别诊断】 应注意与组织细胞瘤、基底细胞瘤、脂肪瘤、纤维瘤等其他任何皮肤及皮下组织瘤等相鉴别。

【治疗】 首选治疗方法是手术全切除。

皮外浆细胞瘤很少呈局部浸润性或多发性生长，特别当其发生在口腔时，肿瘤的复发与淀粉样蛋白有关，这类肿瘤的治疗方法仍然无法确定。

治疗复发性的浸润性肿瘤时，需要采取更为广泛的手术切除。在出现多发性肿瘤或不适宜进行手术切除时，最好的辅助治疗方法是放射疗法。对射线有抵抗力的肿瘤，建议使用化疗药物，包括美法仑、苯丁酸氮芥、环磷酰胺和糖皮质激素类药物。

【预防】犬预后良好，罕见局部再生和转移。猫的预后慎重，可能会发生全身性疾病或局部淋巴结转移。

八、组织细胞瘤

犬皮肤组织细胞瘤是犬组织细胞增多症中的一种，在细胞学上被归类为圆形细胞瘤，是单核亲上皮细胞的良性肿瘤，源自上皮的朗汉斯细胞。皮肤组织细胞瘤多见于犬，少见于猫。

【病因】任何年龄的犬均可发病，但典型肿瘤多发生于3.5岁以下的犬。纯种犬多见，英国斗牛犬、苏格兰梗犬、拳师犬及波士顿梗犬的发病风险高。

罕见于猫，猫是否发生该肿瘤尚存在争议。

【症状】主要发生部位是头、颈、躯干、四肢等处皮肤，尤其耳基部和四肢末端。多单发，呈纽扣状或半球状，红斑、脱毛，直径一般1～2 cm。此种肿瘤界限明显，但无包膜，可自由活动，生长迅速，局部皮肤可破溃，但无痛感。瘤体常经2～3个月自行消退。瘤组织是由比较一致的圆形、卵圆形或多角形细胞组成。

【诊断】根据病史和临床症状可作出初步诊断，确诊需要进一步实验室检查。

1. 细胞学检查 可见大的圆形细胞，细胞有中等量淡蓝色颗粒细腻的细胞质，圆形或豆形细胞核，花边样染色质及多个不清晰的核仁，偶见有丝分裂象。从退化病变的抽吸物中也可看到一些淋巴细胞。

2. 皮肤组织病理学 同源或多形的组织细胞形成致密皮肤浸润层，可能扩展至上皮。可见有丝分裂象，也常见淋巴细胞性侵袭。慢性病变常有多病灶性坏死区。

【鉴别诊断】应注意与肉芽肿性炎症、肥大细胞瘤、浆细胞瘤和皮肤淋巴肉瘤等疾病，以及脓癣、蠕形螨病和其他肿瘤疾病进行鉴别。

【治疗】由于多数病变可在3个月内自然消退，可只观察而不进行治疗。对于不能自然消退的病变可采取手术切除。

【预防】犬预后良好，罕见局部再生和转移。猫的预后慎重，可能会发生全身性疾病或局部淋巴结转移。

九、黑色素细胞瘤

黑色素细胞瘤是一种良性的或恶性的黑色素细胞增生，这类肿瘤最常发生于犬，罕见于猫。

【病因】尽管日光损伤是导致人发生黑色素细胞瘤的常见原因，但犬的黑色素细胞瘤源自皮肤和口腔，所以日光照射似乎不是其诱发因素。因为品种和家族聚集现象明显，所以遗传易感性可能是诱因。

大多数黑色素瘤发生于有毛的皮肤，尤其黑皮肤犬易患本病。

【症状】本病在犬的头部、躯干、脚趾最常见，但在身体的任何部位均可发生，猫最常见于头部。

黑色素细胞瘤通常为单个病变，但也可能呈多发性，特别是易发品种的犬。肿瘤呈斑块状、丘疹状或圆顶状，界限清晰，坚实，褐色或黑色，脱毛，有蒂或疣样增生物，肿瘤大小不一。

与黑色素细胞瘤相比，恶性黑色素瘤常发生于嘴唇的皮肤黏膜结合处、口腔和爪床。生长迅速，并出现溃疡或有蒂的肿块或结节。肿瘤发生于爪床时，表现为脚趾肿胀，趾甲脱落或爪床下骨骼受损，出现跛行。犬恶性黑色素瘤具有侵袭性，发生转移的可能性大。

【诊断】根据病史和临床症状可初步诊断，确诊需要进一步实验室检查。

1. 细胞学检查 可见圆形、椭圆形、星形或纺锤形细胞，含有中等量褐色或墨绿色色素颗粒的细胞质。恶性黑色素瘤含的色素少，并表现出更多的多形性，但不能根据细胞学判断恶性程度。

2. 皮肤组织病理学 肿瘤黑色素细胞聚集，这些细胞可能为纺锤形，上皮细胞多边形或圆形。细胞可排列为串珠样、绳索状，并有不同程度的色素沉着。

【鉴别诊断】应注意与肥大细胞瘤、基底细胞瘤等肿瘤疾病，以及局部感染、色素斑等疾病相鉴别。

【治疗】治疗的首选是采取彻底手术切除。如果手术切除不完整，可采取辅助治疗，包括放射疗法和局部热疗，但是一般认为，黑色素瘤对放射疗法不敏感。

在某些情况下可以化疗，如卡铂、多柔比星、吡罗昔康、达卡巴嗪等药物可能会延长患恶性肿瘤犬、猫的存活时间，但总的来说，化疗有效率很低。

十、鳞状细胞癌

鳞状细胞癌又称鳞状上皮癌或表皮样癌，简称鳞癌，是由皮肤或皮肤型黏膜鳞状上皮细胞发生的恶性肿瘤。鳞状细胞癌在犬、猫等老龄或成年动物都较常见。

【病因】尽管多数病例没有明确的诱因，但根据角质细胞肿瘤在白色皮肤的动物中较为普遍，以及主要分布于毛发稀少区或大多暴露在阳光下的动物中推断，长时间暴露于阳光下可能是该病的主要致病因素之一。

发生于皮肤上的鳞状细胞癌常见于寻血猎犬、巴吉度猎犬、贵宾犬；趾甲下鳞状细胞癌常发生于巨型和标准雪纳瑞犬、凯利蓝梗犬、腊肠犬、拉布拉多猎犬和贵宾犬等。

猫皮肤鳞状细胞癌主要见于蓝眼白猫。

【症状】通常为单个，但也可能多发，表现为躯干、四肢、脚趾、阴囊、鼻和嘴唇的增生或溃疡性病变。增生性肿瘤常为菜花样、大小不一，易发生溃疡和出血。开始时浅层糜烂并覆盖结痂，随后会变深，形成火山口样溃疡。甲床肿瘤通常发生于单个脚趾，但也可能多趾发病，尤其是大型黑毛犬，如黑拉布拉多犬、德国牧羊犬和贵宾犬。发病脚趾典型症状是肿胀、疼痛、畸形或甲缺失。

值得注意的是出现癌变之前，犬身体常会发生局部苔藓化、过度角化和红斑，称为光化性角化病。

猫常出现在耳郭、前额、眼睑、鼻子和嘴唇等白色皮肤的部位，表现为增生、结痂或易出血的溃疡性病变。和犬一样，猫在出现恶性肿瘤前，发病部位也可发生光化角化症或光化性癌。

【诊断】根据病史和临床症状可初步诊断，确诊需要进一步实验室检查。

1. 细胞学检查 通常无诊断意义，细胞各异，可见低分化、细胞质嗜碱性的小圆上皮细胞，或更为成熟的细胞质丰富、有核且核周空泡化、多角的未角化上皮细胞。

2. 皮肤组织病理学　非典型角质形成细胞的不规则肿块向下增生并侵害真皮。

【鉴别诊断】应注意与皮肤嗜酸性斑块、黑色素瘤、淋巴瘤、肥大细胞瘤等其他肿瘤疾病相鉴别。

【治疗】早期进行手术完全切除是治疗的首选，切除时至少应向外扩展 2 cm，有时需要皮肤移植和体壁重建。累及脚趾时可能需要截肢；累及耳郭时，需要部分或全部切除；鼻孔侵袭性肿瘤则建议切除鼻面部。

对于不能切除的或只能部分切除的病例，辅助放疗一般有效。犬也可采用病灶内化疗药物治疗，如顺铂、卡铂、5-氟尿嘧啶等，在某些情况下可能有效。

【预防】避免紫外线照射，尤其是光照强烈的中午。可以通过使用防紫外线窗户、遮阳棚以及在光照强烈时避免犬、猫外出来预防。

任务反思

1. 皮脂腺肿瘤常见的临床症状是什么？怎样合理治疗皮脂腺肿瘤？
2. 肛周腺肿瘤常见的临床症状是什么？怎样合理治疗肛周腺肿瘤？
3. 纤维瘤和纤维肉瘤常见的临床症状是什么？怎样合理治疗纤维瘤和纤维肉瘤？
4. 血管瘤和血管肉瘤常见的临床症状是什么？怎样合理治疗血管瘤和血管肉瘤？
5. 脂肪瘤常见的临床症状是什么？怎样合理治疗脂肪瘤？
6. 肥大细胞瘤常见的临床症状是什么？怎样合理治疗肥大细胞瘤？
7. 浆细胞瘤常见的临床症状是什么？怎样合理治疗浆细胞瘤？
8. 犬皮肤组织细胞瘤常见的临床症状是什么？怎样合理治疗犬皮肤组织细胞瘤？
9. 黑色素细胞瘤常见的临床症状是什么？怎样合理治疗黑色素细胞瘤？
10. 鳞状细胞癌常见的临床症状是什么？怎样合理治疗鳞状细胞癌？

任务八　耳、眼、指（趾）甲、肛周疾病

扫码看彩图

任务目标

能辨别耳炎、眼睑炎、肛周瘘的临床症状，学会耳炎、眼睑炎、肛周瘘临床诊断方法；能根据耳炎、眼睑炎、肛周瘘不同临床症状进行合理的药物治疗。

任务准备

耳

犬、猫的耳朵由外耳、中耳和内耳三部组成，耳既是听觉器官又是平衡器官。其中，外耳由耳郭和外耳道构成；中耳由鼓室、鼓膜和听小骨构成；内耳由骨迷路和膜迷路构成。内耳具有听觉和平衡的功能，而外耳和中耳是收集和传导声波的重要器官。

外耳由耳郭和外耳道构成。耳郭为漏斗形的软骨板，两面覆盖皮肤，皮肤与软骨膜紧密相贴。耳郭的形状因品种不同，变化很大。外耳道是耳郭基部通往鼓膜的管道，分为软骨性外耳道和骨性外耳道两部分，分别构成了犬、猫的垂直耳道和水平耳道。外耳道内衬有皮肤，由复层鳞状上皮、皮脂腺、汗腺和耳毛构成。皮脂腺在表皮的下方形成浅表腺体床，而汗腺存在于较深的结缔组织内。皮脂腺常与毛囊并行，而汗腺常在皮脂腺下更深的真皮层内。

中耳的主体由一个充满空气的鼓室构成，通过鼓膜与外耳分隔，并通过前庭和耳蜗窗与内耳分隔。鼓膜位于外耳道底部，是将外耳和中耳分开的半透明的薄膜，呈卵圆形，向内凹陷，中心薄而外周厚。鼓室包含听小骨、骨索、听小骨肌和咽鼓管；听小骨为三块微小的骨头，可将声波从鼓膜经中耳腔传递至内耳；咽鼓管很短，连通鼻咽和固有鼓室的前部。

内耳位于颞骨岩部，包括由骨密质构成的称作骨迷路的一系列复杂的曲管，以及其内部的形态与骨迷路基本一致的被称作膜迷路的膜性曲管两部分构成，即一副骨迷路包裹一副膜迷路。骨迷路包括耳蜗、前庭和半规管。前部是耳蜗，含蜗管，可将机械性刺激转化为神经冲动，神经冲动抵达大脑产生听觉；后部由三个半规管组成，内含膜半规管；第三部分为骨质前庭，包含椭圆囊和球囊。膜半规管内含有前庭神经末梢，前庭神经将冲动传至中枢，产生平衡感。膜迷路是填充于骨迷路的膜状结构。它比骨迷路略小但形状相似；其被结缔组织小梁支撑，并附着在骨壁上。

任务实施 >>>>>>>>>>>>>>>>>>>>>>>>>>>>>>>>>>>>>>>

耳、眼、指（趾）甲、肛周疾病防治

一、耳炎

耳炎包括外耳炎、中耳炎和内耳炎。外耳炎是指耳郭和外耳道的急慢性炎症性疾病，其病因很多，几乎总是存在导致耳道正常结构（图 2-8-1）和功能发生改变的潜在原发疾病，同时造成继发感染。中耳炎是指鼓膜以内的鼓室及咽鼓管的炎症。炎症进一步向深部扩散则发生内耳炎。

外耳道有正常的皮脂腺和耵聍腺（顶泌汗腺）。耵聍是由皮脂腺分泌的皮脂、耵聍腺分泌物和脱落的上皮细胞组成。在健康犬、猫的耳道中，上皮细胞会主动向外迁移，排出耳道分泌物，耳道的这种自清洁机制使耳道始终保持健康状态。

外耳炎的易感因素包括：耳郭构型（悬垂、狭窄），过度潮湿（游泳、洗澡），医源性原因（棉签、刺激性药物），耳道阻塞（毛发、肿瘤、息肉），寄生虫（耳痒螨、疥螨）、过敏（异位性皮炎、食物过敏）等。

【病因】能引起犬、猫耳炎的因素很多，主要有原发性原因和继发性原因两类。

1. 原发性原因 常见于皮肤寄生虫感染，如耳螨、疥螨、恙螨等；过敏性疾病，如药物过敏、食物过敏、遗传性过敏、接触性过敏等；内分泌性疾病，如甲状腺功能减退、肾上腺功能亢进、糖尿病等。也可见于耳道异物、腺体分泌过多、耳道结构改变和肿瘤等。

2. 继发性原因 常继发于皮肤细菌感染，如假中间葡萄球菌感染、变形杆菌感染等；皮肤真菌感染，如厚皮马拉色菌感染等。

中耳炎多因外耳炎蔓延感染所致，或因呼吸道感染经咽鼓管扩散引起，此时鼓膜常穿孔

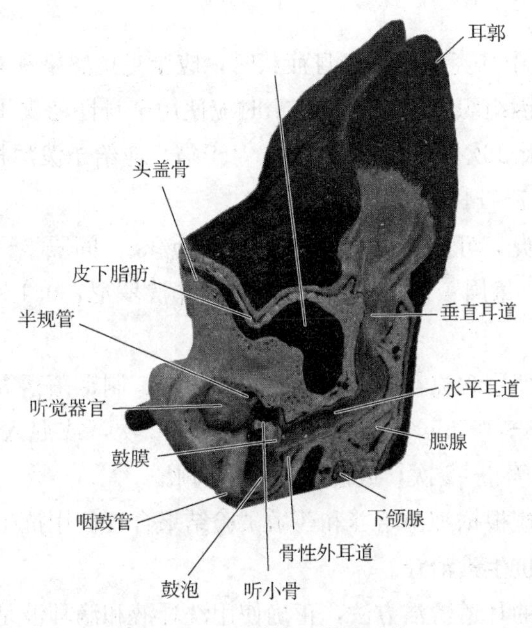

图 2-8-1 耳道构造模式示意

破裂。中耳炎感染严重时导致内耳感染。

【症状】犬患外耳炎时，表现为耳部瘙痒或疼痛，常有蹭头、抓耳、摇头、耳部血肿和斜颈症状，也可见恶臭耳分泌物。在急性病例，耳郭内侧和耳道通常会出现红斑、肿胀，可见耳郭脱毛、抓痕和结痂。严重时耳道出现糜烂或溃疡。耳道长期慢性炎症使耳郭角化过度、色素沉着和苔藓化，长期可引起耳道狭窄和听力下降。

除上述表现外，中耳炎常有不同程度的全身症状出现，如体温升高、精神沉郁、食欲缺乏等，触压耳根时疼痛反应明显，常排出黄褐色分泌物；耳镜检查可见鼓膜穿孔，患犬听觉迟钝，有时转圈运动。若并发内耳炎时可出现歪头、眼球震颤、共济失调等症状。

根据其潜在病因，可能见到并发的皮肤疾病。

【诊断】根据病史和临床症状可初步诊断，确诊需做实验室检查。

通过耳镜可检查炎症、溃疡、狭窄和增生的程度，耳垢和分泌物的数量和性状，耳道内是否有异物、寄生虫和耳道肿物等，同时评估耳膜的完整性。耳道内分泌物采样直接镜检或染色镜检，可发现耳道内螨虫、细菌、真菌、白细胞和肿瘤细胞等。

若细胞学检查发现细菌，但抗生素治疗无效或怀疑有中耳炎时，应进行细菌培养。

【鉴别诊断】由于引起耳炎的因素很多，应通过临床症状、病史并结合实验室诊断，鉴别引起耳炎的各类病因。

应注意与耳螨、异位性皮炎、食物过敏、脂溢性皮炎、耳道狭窄等相鉴别。

【治疗】

1. 局部治疗 对耳道内过多的分泌物进行冲洗，清洁耳道，滴入抗生素药液或抗生素药膏，若耳道内寄生虫感染可用杀虫剂。冲洗常用温生理盐水、0.1%新洁尔灭和0.1%醋酸氯己定溶液等。

市售洗耳液含有耳垢溶解剂、消毒剂、干燥剂、保湿剂和屏障重建剂成分，对外耳炎效果较好。

2. 全身治疗 发生中耳炎或出现全身症状时，应全身抗感染和对症治疗。

当耳部疼痛或耳道因组织水肿或增生狭窄时应使用全身性糖皮质激素，泼尼松，0.25～0.5 mg/kg，口服，每天2次，连用5～10 d；对于猫，应给予泼尼松龙，0.5～1.0 mg/kg，口服，每天2次，连用7～14 d。

对于耳螨引起的耳炎，可用赛拉菌素，6～12 mg/kg，间隔2～4周重复一次；伊维菌素，0.3 mg/kg，口服，每周1次，连用3～4周；非泼罗尼，0.1～0.15 mL滴耳，每周1次，连用2～3次。

对真菌性耳炎，可使用含克霉唑、酮康唑、咪康唑、制霉菌素等抗真菌成分的滴耳液滴耳。同时口服酮康唑，5～10 mg/kg，口服，每天1～2次，或混入食物中饲喂；氟康唑，5～10 mg/kg,口服，每天1～2次，或混入食物中饲喂。

对于细菌性耳炎，应根据细菌培养和药敏试验结果合理使用抗生素。在局部使用抗生素治疗的同时应配合全身抗生素治疗。

告知宠物主人正确的耳道清洁方法，正确使用洗耳液和滴耳液是预防和治疗外耳炎的有效措施。

【预防】平时应保持耳道干燥，定期清洁耳道和拔除过多的耳毛；对于过敏性耳炎，长期的抗过敏管理和防止继发感染是必要的；对于严重的易复发病例应定期复诊以防加重感染。

二、耳血肿

耳血肿是在外力作用下耳部皮下血管破裂，血液积聚于耳郭皮肤与耳软骨之间形成的肿胀。血肿多发生在耳郭内侧，偶尔也发生在外侧。患犬剧烈甩头时，耳郭的离心力和甩动作用造成血管破裂。随后血液积聚在皮肤和软骨之间，形成血肿。几乎总能同时发现耳螨、真菌和细菌引起的耳炎。

【病因】

1. 原发性因素 主要与自身摇头、甩耳、抓耳和摩擦耳郭有关。动物之间打斗和人为挤压也会引起耳血肿。

2. 继发性因素 常继发于急慢性耳炎、耳道寄生虫感染、耳内异物和肿瘤等。由于瘙痒和疼痛刺激导致动物剧烈摇头、甩耳、摩擦耳朵造成耳郭挫伤和耳郭内血管破裂。

【症状】耳郭血管破裂，血液积聚在皮肤和软骨之间，形成局限性囊性肿块，持续甩头通常会使血肿延伸至整个耳郭。随着病程延长，血肿凝固，变为一个坚硬肿物。血肿形成后，耳郭增厚数倍、下垂，按压有波动感，患犬、猫表现为不同程度的疼痛（图2-8-2）。

【诊断】根据病史和临床症状可初步诊断，确诊需做实验室检查。应对耳道进行耳镜检查，是否存在外耳炎，同时进行耳道细胞学检查以排除耳螨、细菌和真菌；也可对血肿进行细针抽吸，以确定血肿的性状。

【鉴别诊断】应注意与耳部肿瘤、耳道增生、外耳郭囊肿和淋巴外渗等相鉴别。

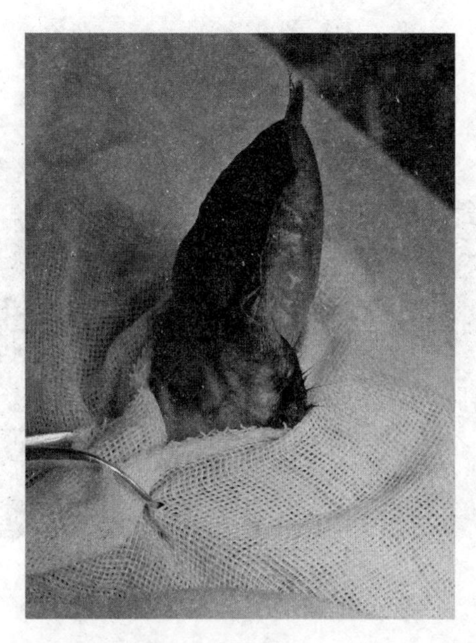

图 2-8-2　耳血肿

【治疗】积极治疗原发病，缓解强烈的瘙痒和疼痛。为减轻炎症症状，可口服泼尼松 1 mg/kg，每天 1～2 次，连用 5 d。对于耳道细菌感染，可全身使用抗生素治疗继发感染，直到耳部炎症缓解。对于较大的血肿应尽快引流，防止血肿恶化。

对于局部引流和保守治疗效果较差的病例应尽早手术。在耳郭上做与血肿长度相等的 S 形或直线形切口，将其中的内容物去除，冲洗内腔，间隔 1 cm 做皮肤、软骨全层缝合，以保证组织粘连。缝合后 7～10d，病变处逐渐瘢痕化，将缝线拆除。

【预防】平时应保持耳道干燥，定期清洁耳道和拔除过多的耳毛，防止耳炎和寄生虫病的发生。

三、眼睑炎

眼睑炎是眼睑的炎症，以眼睑边缘红肿和皮肤增厚为特征。犬多见，猫少见。

【病因】

1. 原发性原因　细菌感染、真菌、外寄生虫、昆虫叮咬、过敏、自身免疫性皮肤病等均可引起眼睑炎。

2. 继发性原因　常继发于结膜炎、角膜炎、睑板腺炎等。

【症状】患犬眼睑轻度或严重瘙痒。通常表现为眼睑水肿或增厚的红斑和脱毛，伴有脓疱、结痂，偶有皮肤瘘管。

过敏性疾病引起的眼睑炎常造成不同程度的眼周红斑、脱毛、苔藓化和色素沉着，常继发结膜炎和睑板腺囊肿（图 2-8-3）。

【诊断】通常根据病史，临床症状，同时排除其他类似疾病进行诊断。

细胞学检查若存在原发性和继发性细菌性眼睑炎，可发现化脓性炎症和球菌。若存在继发性真菌性皮肤炎，可发现真菌，如厚皮马拉色菌和犬小孢子菌。

细菌培养时若存在原发或继发细菌性眼睑炎，通常可分离出假中间葡萄球菌和葡萄球菌。

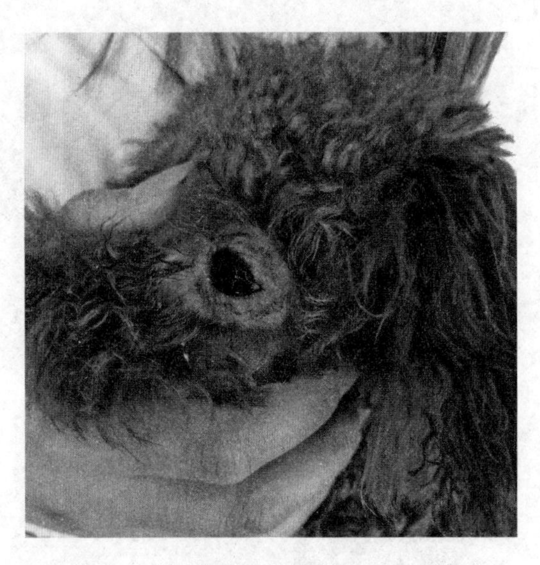

图 2-8-3　眼睑炎

【鉴别诊断】应注意与蠕形螨病、皮肤癣菌病、马拉色菌性皮炎、幼犬蜂窝织炎、自身免疫性皮肤病等疾病进行鉴别。

【治疗】根据不同的病因进行对因及对症治疗。若表现为瘙痒性，应佩戴伊丽莎白项圈避免抓挠眼部；对细菌性眼睑炎，应全身使用抗生素；对于自身免疫性眼睑炎，在局部使用皮质类固醇药物的同时，可口服泼尼松，1～2 mg/kg，连用 7～14 d。待症状改善后，泼尼松用药量逐渐减少。

【预防】平时应注意犬、猫眼部卫生，定时清洗，检查及修剪眼睑周围毛发，防止感染。注意环境卫生，定时对环境进行消毒、杀虫，防止昆虫叮咬。

四、细菌性爪部皮炎

细菌性爪部皮炎是一种爪的深部细菌感染，常继发于某些潜在疾病。

【病因】常继发于创伤、过敏性皮炎、甲状腺功能减退、肾上腺皮质功能亢进等潜在疾病。

【症状】可能侵害到一个或多个指（趾）甲，出现甲断裂、渗出，并伴有甲沟炎、指（趾）间红斑、脓疱、丘疹、结节、溃疡、脱毛、疼痛、跛行等症状。常见局部淋巴结肿大。

【诊断】通常根据病史、临床症状、排除其他类似疾病进行诊断。细胞学检查常伴有细菌化脓性和肉芽肿性炎症。细菌培养常分离出假中间葡萄球菌。

【鉴别诊断】应注意与蠕形螨病、创伤、诺卡氏菌病、深部真菌感染、肿瘤、过敏、自身免疫性皮肤病等进行鉴别。

【治疗】查明并去除潜在病因。在细菌培养和药敏试验基础上，全身使用抗生素，并于临床症状完全消失后继续用药 2～3 周。

局部治疗有助于痊愈。可用 0.1％氯已定溶液、0.4％聚维酮碘溶液局部冲洗，连续用药 5～7 d。此外，可根据需要，用含有抗菌药物的浴液和外科药物擦洗患部。

清除松动的指（趾）甲或受伤指（趾）甲的折断部分。对严重或顽固病例，可将病变指（趾）甲去除。

五、肛周瘘

肛周瘘是一种肛周、肛门和直肠周围组织的疾病，常呈慢性、炎症性溃疡经过。肛周瘘常继发于肛周脓肿，脓肿破溃后，伤口没有得到及时护理而愈合，形成感染通道。

【病因】病因尚不明确，通常怀疑与长期的食物过敏有关。也有人认为是由于尾基部过宽、垂尾以及肛门周围汗腺过密等原因所致。

【症状】表现为轻度至重度的疼痛，特别是在排粪时疼痛明显，患犬不断舔舐肛门周围，还可表现为嗜睡、出血、便秘、排粪失禁，并伴有小的、针尖样窦道或瘘管。患犬可能出现直肠狭窄，并同时出现炎性肠病，排出恶臭的、黏液脓性分泌物。

【诊断】通常根据病史、临床症状和排除其他类似疾病进行诊断。

皮肤组织病理学检查可出现毛囊漏斗区的上皮坏死，淋巴细胞聚集，并有强烈的炎性反应，出现浆细胞、淋巴细胞、巨噬细胞和血管周淋巴样结节。

【鉴别诊断】应注意与肛周腺瘤、肛门腺炎、肛周脓肿等相鉴别。

【治疗】查明并去除潜在病因，同时进行合理的对症治疗。

继发细菌感染时应进行全身抗生素治疗；对局部溃疡患犬应进行积极的局部清创；对严重的复发病例，应进行外科手术切除。

任务反思 >>

1. 耳炎常见的临床症状是什么？怎样合理治疗耳炎？
2. 耳血肿常见的临床症状是什么？怎样合理治疗耳血肿？
3. 眼睑炎常见的临床症状是什么？怎样合理治疗眼睑炎？
4. 细菌性爪部皮炎常见的临床症状是什么？怎样合理治疗细菌性爪部皮炎？
5. 肛周瘘常见的临床症状是什么？怎样合理治疗肛周瘘？

任务九　代谢性皮肤病

扫码看彩图

任务目标 >>

能辨别代谢性皮肤病常见的临床症状，学会代谢性皮肤病实验室诊断方法；能根据代谢性皮肤病的不同病情进行合理的药物治疗。

任务实施 >>

代谢性皮肤病防治

一、胼胝

胼胝是局部增生性皮肤反应，由长期压迫和摩擦性损伤引起。临床上以患部呈圆形或卵圆形脱毛斑块，色素沉着，皮肤过度角化为特征。严重的患犬因角化层撕裂而继发细菌感染或因足垫严重增厚而出现跛行。

【病因】 由于皮肤长期受压迫、摩擦导致皮肤角质层增厚，形成局限性的角质板，是皮肤对长期机械性摩擦的一种保护性反应。犬常见，大型和巨型品种犬发病率高。

【症状】 表现为骨骼凸起部和足下皮肤变厚、被毛黏结，皮肤部分脱毛、色素沉着、过度角化。常发生于肘关节、跗关节或胸骨突部位的皮肤。病情严重时，嵌塞的毛囊膨大，随后发展为囊肿。深胸犬胸部长期受压及摩擦可形成黑头粉刺。病变可因继发感染出现溃疡、瘘管（图 2-9-1）。

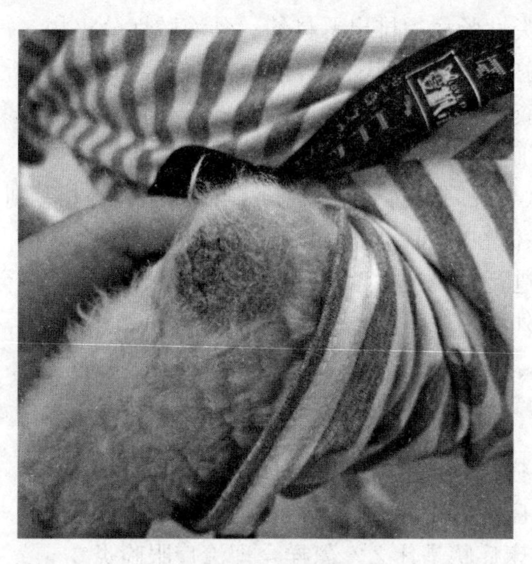

图 2-9-1　胼　胝

【诊断】 根据病史及典型的发病部位和症状进行诊断。细胞学检查可见角质碎屑、脓性或脓性肉芽肿性炎症，偶尔可见细菌。皮肤组织病理学检查可见表皮显著增生或角化过度、毛囊角化和扩张的毛囊囊肿。

【鉴别诊断】 应注意与皮肤癣菌病、蠕形螨病、脓皮症、肿瘤等进行鉴别。

【治疗】 胼胝未继发感染时不需要治疗，一般预后良好。同时也不建议手术切除。

为减轻皮肤角化程度，可口服或局部使用皮质类固醇类药物。为软化组织可涂动物油或植物油，裂伤处应配合使用抗菌药物，跛行犬需修剪足垫。如果因地面摩擦所致角化过度，应改善休息场所。

患部继发感染时，应全身抗生素治疗 4～6 周。同时应对感染部位涂布抗生素乳膏，直到病损消除。

治疗过程中应设法从胼胝中去除“内生毛”。也可经常用刷子或海绵顺着被毛生长方向擦拭患部。用黏性很好的胶带拔除被毛，一般只有内生被毛被粘下来，而健康的毛发不会受损伤。

感染部位应使用保湿剂、抗生素软膏、2.5%过氧化苯甲酰凝胶等进行局部治疗，以软化皮肤。

【预防】 平时注意局部避免长期躺卧受压。对于受感染部位应进行合理包扎，及时治疗原发性皮肤病。减肥或减轻体重，或在经常躺卧地方使用棉垫，包扎脱毛部位等通常可以预防感染。

二、猫痤疮

猫痤疮是毛囊角化和腺体增生性皮肤疾病。其特征是在猫的下巴、嘴唇、尾巴处存在黑头样粉刺。可发生于任何年龄、性别或品种的猫，绝育的雄性猫发病率高。

【病因】猫对下颌的清洁能力较差，湿粮或油腻的猫粮容易堵塞毛孔，引起毛囊排泄异常所致。另外，猫的皮脂分泌过量、压力、过敏等因素也可引起本病的发生。

有些塑料猫碗洗刷过久容易有很多小孔和剐痕，易滋生细菌，引起毛囊发炎和感染。有些猫会对塑料和染色剂过敏引起猫痤疮。

患有潜在疾病如自身免疫性疾病、内分泌失调、食物过敏的猫较易患痤疮。

【症状】多见于猫的下巴、嘴唇、尾巴处存在“煤渣”样黑头粉刺，皮肤发红，丘疹，脓疱和脱毛。严重时可见患部肿胀、溃疡，局部淋巴结肿大等（图 2-9-2）。

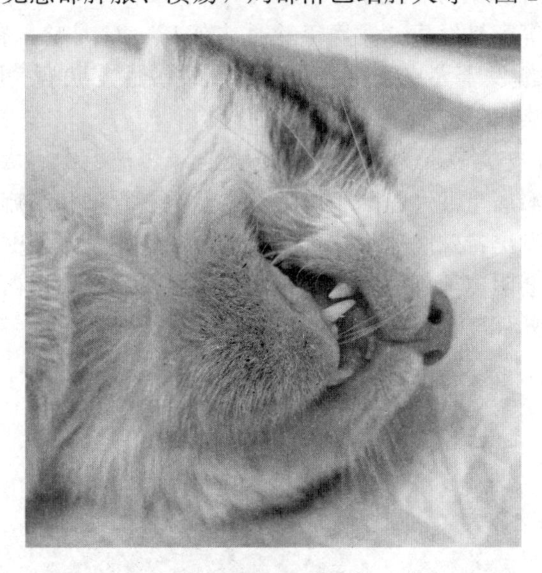

图 2-9-2 猫痤疮

继发细菌感染时，由于瘙痒、疼痛可引起猫的厌食和抓伤。严重时患部形成丘疹、脓疱，极少数发展为疖病和蜂窝织炎。

【诊断】根据病史、临床症状和排除其他疾病进行诊断。皮肤组织病理学检查可见毛囊角化、堵塞和扩张。若存在继发细菌感染，可见到毛囊周围炎、毛囊炎、疖病或蜂窝织炎。

【鉴别诊断】应注意与蠕形螨病、皮肤癣菌病、马拉色菌性皮炎和嗜酸性肉芽肿进行鉴别。

【治疗】剪除病变处的毛发，温水热敷或使用过氧化苯甲酰、硫黄水杨酸或乳酸乙酯香波进行清洗，每天 1～2 次，直到康复。为了防止复发，需要经常清洁下巴。

为防止继发感染，可使用抗生素进行治疗。如有厚皮马拉色菌感染，可用伊曲康唑、特比萘芬进行治疗。

另外，采用莫匹罗星软膏、2.5%过氧化苯甲酰凝胶、0.01%～0.025%维甲酸霜乳膏、

0.75%甲硝唑凝胶、克林霉素、红霉素或四环素等进行局部用药，可能有效。

针对顽固性病例，应经常使用过氧化苯甲酰、硫黄水杨酸或乳酸乙酯等药物棉片进行长期治疗。

【预防】使用陶瓷、玻璃或金属的食碗和水碗，并每天清洗。食物要避免过于油腻，餐后经常清洗下巴。

平时勤梳毛，观察猫的下巴和尾巴，若发现黑头粉刺应及时处理。

三、犬脂溢性皮炎

犬脂溢性皮炎是由于皮肤角化异常，皮脂腺分泌功能亢进，皮肤和被毛附着大量鳞屑或油脂样分泌物而引起的皮肤炎症。根据发病原因和症状可分为干性脂溢性皮炎和湿性脂溢性皮炎两种。本病常继发于皮肤和耳部的细菌及马拉色菌感染。

【病因】

1. 原发性因素　通常具有家族遗传性，美国可卡犬、西高地梗犬、德国牧羊犬、拉布拉多犬、金毛寻回猎犬等容易发病。发病年龄通常在18～24月龄，有些可终身患病。

2. 继发性因素　常继发于犬皮肤寄生虫感染、过敏性皮肤病、脓皮症、真菌感染、内分泌性皮肤病、肿瘤性疾病等。

【症状】干性脂溢性皮炎表现为被毛干枯，无光泽，被毛中有大量灰白色或银色鳞屑。湿性脂溢性皮炎表现为鳞屑呈油性黏附于被毛，大量毛囊管型和结痂，尾根部皮肤油腻并黏附黄褐色蜡样分泌物，发出特殊腐败气味（图2-9-3）。身体大部分皮肤均出现不同程度的病变，包括指（趾）间、会阴、面部、腋下、颈腹侧、腹部皮肤，皮褶处常发病严重。瘙痒程度不一，常伴发严重的外耳炎。

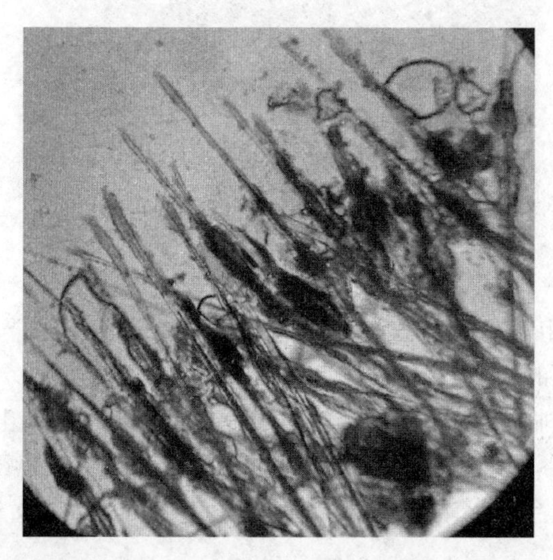

图2-9-3　犬脂溢性皮炎引起的毛囊管型

【诊断】根据早期症状和排除其他引发脂溢性皮炎的病因进行诊断。皮肤组织病理学检查可见增生性、浅表性、血管周围性皮炎，伴随正常角化或角化不全性过度角化症。在表皮层和毛囊中可出现细菌和酵母菌。

【鉴别诊断】应注意与脓皮症、马拉色菌性皮炎、甲状腺功能减退、肾上腺功能亢进、蠕形螨病、维生素 A 反应性皮炎、皮脂腺炎等进行鉴别。

【治疗】 查找原发病因并积极治疗，在确定原发病因之前，针对出现的继发感染进行对症治疗。

为增加皮肤营养，在食物中添加不饱和脂肪酸，也可添加维生素 A、维生素 D、维生素 B_2 等有助于维护皮肤功能。

定期药浴可减少皮肤表面的细菌和酵母菌数量，减少痂皮和皮脂，减轻瘙痒程度，同时也有助于表皮新陈代谢。可用抗脂溢性皮炎香波和润肤剂，每周 1～2 次直至皮肤症状好转。

【预防】 对于易发品种应选择天然成分犬粮或处方犬粮，给犬全面的营养，提高犬自身免疫能力。定期驱虫，以减少原发性因素的产生。先天性脂质缺乏患犬可能与遗传有关，应禁止用于繁殖。

四、维生素 A 反应性皮炎

维生素 A 反应性皮炎是一种未被完全认知的角化紊乱疾病，可能是原发性脂溢性皮炎的轻微变异。犬极少发病，成年可卡犬发病率较高，罕见于其他品种。

【病因】 本病的确切病因尚不清楚，但在可卡犬可能是一种遗传病。患犬血液中的维生素 A 水平正常，因此该病并不是维生素 A 缺乏所致。

【症状】 患犬在成年时发病，病变常位于胸部两侧、胸腹侧和腹部。如果继发细菌感染，可能出现轻度至中度的皮肤瘙痒。被毛干燥无光泽，易脱落，身体散发腐臭味。常见丘疹和多量鳞屑。有明显毛囊管型和局部结痂。患犬常并发耵聍性外耳炎。

【诊断】 根据病史、临床症状可初步诊断，同时应排除其他皮肤疾病。当临床症状发生于成年犬，尤其是可卡犬，则本病可疑。

皮肤组织病理学检查可见显著的、不成比例的毛囊过度角化，伴有轻微的上皮过度角化。

【鉴别诊断】 应注意与原发性脂溢性皮炎、皮脂腺炎、锌反应性皮肤病和其他引起继发脂溢性皮炎的皮肤疾病相鉴别。

【治疗】 对于皮肤和耳道的继发细菌和马拉色菌感染，应使用适当的外用或全身性抗生素治疗。由于容易出现复发性感染，可能需要阶段重复治疗，或长期、低剂量维持治疗。

患犬出现脂溢性皮炎时，可采用抗脂溢性皮炎香波和润肤剂，每周 1 次，直至皮肤症状好转。口服不饱和脂肪酸可能对本病有益。

本病对高剂量维生素 A 治疗反应良好。

【预防】 保证良好营养，可在食物中添加适量的脂肪或喂食含有较多维生素 A 的食物和营养剂等。

五、雪纳瑞犬粉刺综合征

雪纳瑞犬粉刺综合征是毛囊角质化的痤疮样疾病，常见于迷你雪纳瑞犬。

【病因】 多与遗传有关，主要是皮肤角质化缺陷导致毛囊内脂蛋白上升，出现白色或黑色分泌物，这些分泌物若没有及时处理，可继发细菌性毛囊炎。

【症状】 主要表现为从肩部至荐部的背中线可触摸到若干无痛、不痒的黑头粉刺和结痂性丘疹。若继发细菌感染时，可暴发大面积的丘疹，出现瘙痒。

【诊断】根据病史和临床症状，排除其他疾病进行初步诊断。

皮肤组织病理学检查可见毛囊浅表部被角质填充而扩大。毛囊扩大的漏斗区可呈囊状。

【鉴别诊断】应注意与蠕形螨病、浅表性脓皮症、皮肤癣菌病等相鉴别。

【治疗】对于任何继发性脓皮症，全身配合抗生素治疗。对于轻度至中度皮肤病变，使用氯已定或2.5%过氧化苯甲酰洗液清洗患部，每周2～3次，直到粉刺消退。对于中度至重度病变，使用含硫黄和水杨酸、乳酸乙酯、煤焦油和含硫香波清洗患部，每周2～3次，直到粉刺消退。对于顽固病例应长期管理。

【预防】除非继发感染，否则不会对犬的生活造成影响，对于继发感染的病例可通过日常的对症治疗来控制。

六、锌反应性皮炎

锌反应性皮炎是由锌缺乏引起的角化疾病。本病与皮肤的增厚和鳞屑有关，对补锌有反应。

锌在动物机体的核酸代谢、蛋白质合成、皮肤和伤口愈合、细胞复制和分化等方面起重要作用，锌缺乏可引起锌反应性皮炎和牛头梗犬肢端皮炎。

目前至少存在两种类型的疾病：Ⅰ型综合征发生于阿拉斯加雪橇犬和哈士奇犬，与锌缺乏饮食无关。病变通常发生于年轻犬（通常小于2岁），在患病期间、妊娠期间或进入发情期的犬，症状可能恶化。Ⅱ型综合征发生于饮食锌缺乏的犬，或饲喂高钙或高纤维食物导致锌在肠道吸收障碍的犬。本病常发生于饲喂非商品粮的犬。

【病因】Ⅰ型综合征在阿拉斯加雪橇犬和哈士奇犬可能具有遗传因素，因锌在肠道吸收减少而发病。Ⅱ型综合征具有多种原因，如饮食中锌含量不足、过量添加其他矿物质和维生素等。

【症状】与本病有关的全身性临床症状可能包括食欲差、生长发育不良或迟缓、伤口愈合不良、嗜睡、发热和淋巴结肿大等。Ⅰ型综合征的患犬常表现为皮肤局灶性脱毛和红斑，继而脱屑和结痂。病变通常位于眼睛、嘴巴、足垫、肛门周围和压力点皮肤，继发细菌或真菌感染时导致瘙痒。Ⅱ型综合征病变与Ⅰ型相似，但病变部位主要位于头部和压力点的皮肤。

【诊断】根据病史、临床症状，并排除其他类似疾病进行初步诊断。当临床症状发生于年轻犬时则本病可疑，尤其是易发品种。测定血液或毛发中的锌含量对本病的诊断没有太大意义。

皮肤组织病理学检查可见明显的弥散性表皮和毛囊角化不全，浅表性血管周围性皮炎。常见到乳头状瘤样增生，棘层水肿和继发感染。

对锌治疗有反应。

【鉴别诊断】应注意与原发性脂溢性皮炎、自身免疫性皮肤病以及其他引起继发脂溢性皮炎的皮肤疾病相鉴别。

皮肤活检在本病的鉴别诊断中起着重要作用。

【治疗】对于食物中缺乏锌的犬，要分析并纠正不平衡的日粮，皮肤病变多在饮食改善后2～6周消失。若效果不佳，可加倍剂量或改用其他锌制剂。为防止锌中毒应定期监测血液锌水平。

终身补锌。硫酸锌，10 mg/kg，每天1次或混入食物中；氧化锌3 mg/kg，每天1次；蛋氨酸锌，1.5～2 mg/kg，每天1次，口服。

给予必需脂肪酸治疗，可降低补锌的剂量，对于一些犬甚至不再需要同时补锌。对补充锌无效的犬应进行绝育。

对继发细菌或马拉色菌感染时，应采用适合的抗生素药物治疗3～4周。

【预防】尽管有时需要终身补锌，但大部分的犬预后良好。

七、肝皮综合征

肝皮综合征是患有慢性肝脏疾病或分泌胰高血糖素型胰腺肿瘤犬的特有的皮肤病。老年犬发病率较高。

【病因】本病确切病因不明，但是一般认为，胰高血糖素血症（胰腺肿瘤）引发的糖异生增加或肝脏对氨基酸的分解代谢增强（慢性肝脏疾病），导致血液氨基酸浓度降低和表皮蛋白消耗，从而引起表皮坏死性的皮肤病变。

【症状】典型皮肤病变有轻度至剧烈的瘙痒、对称性红斑、鳞屑、结痂、糜烂，以及唇周、眼周和四肢远端的溃疡。病变部位可能涉及耳郭、肘部、跗关节、外阴、腹部。足垫通常有轻度或显著的过度角化、皲裂和溃疡（图2-9-4）。足垫损伤可表现为跛行。若并发糖尿病可出现多饮多尿症状。

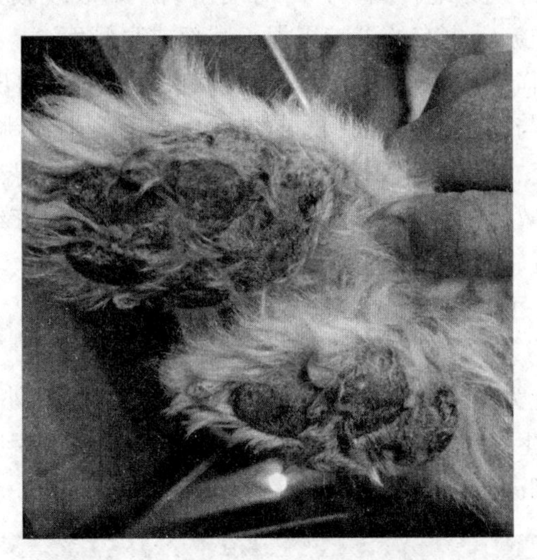

图2-9-4　肝皮综合征引起的脚垫角化

另外，潜在代谢性疾病的全身症状在起始阶段很少出现，但是几个月后通常变得很明显。

【诊断】根据病史和临床症状，并排除其他类似疾病可进行初步诊断。

血清生化检查常出现血糖升高，血清白蛋白降低；腹部超声检查显示肝脏变小，肝内低回声区，周围伴有高回声的网状结构。

皮肤组织病理学检查可见典型的弥散性角化不全性过度角化，伴随显著的细胞间和细胞内水肿，可能存在轻度浅表血管周围炎，伴有继发细菌、真菌感染。慢性病变通常无特异性变化，较难确诊。

肝组织活检可见肝壁组织下陷的特殊空泡化，或广泛性肝纤维化等慢性肝病特征。

【鉴别诊断】应注意与锌反应性皮炎、全身性红斑狼疮、疖病、皮肤亲上皮性淋巴瘤、落叶型天疱疮、药疹等相鉴别。

【治疗】若潜在肝脏问题，应查明病因并予以治疗。也可选择肠外补充氨基酸和电解质对症治疗，以改善患慢性肝脏疾病的皮肤问题。

糖皮质激素可暂时改善皮肤病变，但有些患犬使用糖皮质激素后，易患糖尿病或出现肝损伤。

为防止继发感染，应适当使用抗生素和抗真菌药物以治疗细菌和真菌感染。

【预防】患慢性肝功能不全或转移性胰腺肿瘤的犬预后不良。

八、犬自咬症

犬自咬症是犬多发的以定期兴奋、啃咬自己身体的某一部位为特征的慢性疾病，可造成皮肤破损，严重时继发感染而死亡。

【病因】发病原因尚不清楚，有人认为是由于皮肤疾病如毛囊炎、真菌感染、疥螨等引起瘙痒，最终导致犬啃咬自己皮肤的结果；也有人认为是营养缺乏或环境应激造成。

神经性自咬症多是引发神经症状导致的自咬，是病原微生物干扰了犬的神经系统。

【症状】患犬自咬尾部或原地转圈，并不时发出叫声，表现较强的凶猛性和攻击性。尾尖脱毛、破溃、出血、结痂，也有的犬咬尾根、臀部或腹侧面。

【诊断】根据病史和临床症状，并排除其他类似疾病可进行初步诊断。

【鉴别诊断】应注意与引起严重瘙痒的皮肤疾病如毛囊炎、跳蚤叮咬性皮炎、疥螨病、皮肤癣菌、锌反应性皮炎、维生素A反应性皮炎等皮肤疾病进行鉴别。

【治疗】目前尚无特效疗法。对于继发感染病例应以积极治疗继发感染为主。夏秋季节应定期驱虫，以防止跳蚤、蜱虫叮咬引起犬自咬症。

对于不明原因病例，可口服微量元素、维生素、必需脂肪酸，局部应用抗菌香波可有效控制症状。

对于烦躁且有攻击行为的患犬采用镇静药、抗组胺药、处理外伤的方法有一定效果。

【预防】注意环境卫生，定期驱虫，防止蚊虫叮咬，积极治疗原发性皮肤疾病。同时保持营养均衡并减少外界刺激。

任务反思 >>>>>>>>>>>>>>>>>>>>>>>>>>>>>>>>>>>>>>

1. 胼胝常见的临床症状是什么？怎样合理治疗胼胝？
2. 猫痤疮常见的临床症状是什么？怎样合理治疗猫痤疮？
3. 犬脂溢性皮炎常见的临床症状是什么？怎样合理治疗犬脂溢性皮炎？
4. 维生素A反应性皮炎常见的临床症状是什么？怎样合理治疗维生素A反应性皮炎？
5. 雪纳瑞犬粉刺综合征常见的临床症状是什么？怎样合理治疗雪纳瑞犬粉刺综合征？
6. 锌反应性皮炎常见的临床症状是什么？怎样合理治疗锌反应性皮炎？
7. 肝皮综合征常见的临床症状是什么？怎样合理治疗肝皮综合征？
8. 犬自咬症常见的临床症状是什么？怎样合理治疗犬自咬症？

任务十 其他偶发的皮肤病

扫码看彩图

任务目标

能辨别犬家族性皮肌炎、皮肤黏蛋白沉积症、鼻部色素减退症、日光性皮炎常见的临床症状，学会犬家族性皮肌炎、皮肤黏蛋白沉积症、鼻部色素减退症、日光性皮炎的诊断和治疗方法。

任务实施

其他偶发皮肤病防治

一、犬家族性皮肌炎

皮肌炎是一种肌肉、皮肤，有时是血管的炎症性结缔组织病。病因和发病机制不明。皮肌炎可能是涉及体液免疫和细胞免疫的免疫介导性疾病之一。也有人认为皮肌炎有遗传学倾向。

犬家族性皮肌炎广泛存在于大型牧羊犬中。大型牧羊犬皮肌炎与人类皮肌炎不同，即使已有肌肉变性和坏死，其血清肌酸肌酶并不增高。有的皮肌炎患犬常见表皮下和表皮内的水疱、脓疱及溃疡，有的则以皮肤水疱和对称性的肌肉萎缩为特征。

【病因】犬家族性皮肌炎可能是皮肤和肌肉的遗传性炎性疾病，也可能与动物机体感染某些病毒后，免疫系统发生紊乱，导致以骨骼肌病变为主的结缔组织炎症及微血管病变有关。在感染或其他环境因素等诱导下，引发免疫介导过程及相关的临床症状。病变通常最早出现于2～6月龄的幼犬。同窝的幼犬可能发病，但严重程度具有明显差异。

【症状】皮肤病变严重程度各异，容易复发。其特征为皮肤不同程度的红斑、脱毛、鳞屑、结痂、糜烂、溃疡和瘢痕化，丘疹和水疱较罕见，通常无瘙痒表现。病变多发生在鼻梁、眼周、唇周、耳郭内侧、尾尖以及四肢远端。

皮肌炎的症状各异。患犬可能不表现症状，或双侧咬肌和颞肌对称性萎缩，或全身肌肉对称性萎缩。犬咬肌发生病变时表现为采食、饮水和吞咽困难。病情严重的患犬可能表现为虚弱、嗜睡、发育不良、跛行症状。如果腿部肌肉萎缩，患犬可能表现异常的大步态。

【诊断】根据患犬临床表现，结合实验室检查，排除其他类似疾病可初步诊断。

皮肤组织病理学检查可见散在的皮肤基底细胞变性，毛囊周围的淋巴细胞、组织细胞、肥大细胞和中性粒细胞炎性浸润。

毛囊基底细胞变性和毛囊萎缩高度提示本病，但也可能不出现此类症状，尤其是慢性和瘢痕性病变。

【鉴别诊断】应注意与犬脂溢性皮炎、光敏性皮炎、皮脂腺炎、红斑狼疮及其他类型的血管炎和皮肌炎相鉴别。

【治疗】

1. 营养疗法 给予高蛋白质饮食，每天口服必需脂肪酸，或使用维生素治疗。维生素E，400～800 IU，口服，每天1次，连用4～8周，以减轻皮肤病变。

另外，己酮可可碱可能对某些犬有益，20～25 mg/kg，口服，每天2次，混入食物中口服，连用4～12周。

患犬避免受寒、感染、妊娠。母犬应绝育，患病公犬应去势。皮肤症状严重时应避免阳光照射。药用香波治疗可能有助于去除结痂。

2. 免疫抑制剂治疗 环孢菌素，5～10 mg/kg，口服，每天1次（4～6周起效），然后减少给药次数，每隔2～3 d 1次。如有继发感染时应同时抗生素治疗。

急性期可使用皮质类固醇类药物治疗。泼尼松，1～2 mg/kg，口服，直到病变有所改善，随后逐渐减量。同时应避免因长期使用皮质类固醇而加重肌肉萎缩。

根据病情缓急预后各异。轻度患犬皮肤病变往往会自愈，不留瘢痕。轻度至中度患犬皮肤病变预后谨慎。对于重症患犬，皮炎和肌炎无法治愈，且预后不良。

【预防】其发病机制可能与自身免疫异常有关，而本病尚无有效的预防方法。防止感染、寒冷、炎热等诱发因素，应该是防治的重点；同时，防治并发症也是临床护理的重要内容。

二、皮肤黏蛋白沉积症

皮肤黏蛋白沉积症是由特殊的纤维细胞（黏液细胞）使结缔组织精蛋白产生过多而形成的局限性炎性肿胀。临床上以皮肤丘疹、结节、脱毛斑，病灶处挤出黏蛋白物质为主要特征。

【病因】病因目前尚不清楚。主要以真皮黏蛋白过度聚集和沉积为特征。本病仅发生于少数品种，如沙皮犬。无性别差异，无传染性。

【症状】急性患犬全身散在丘疹或大小不等的水疱，肿胀处皮肤呈半透明状，浮肿，增厚，无红、热、痛、痒等反应。发病皮肤被毛稀少、脱落，皮肤透明度降低，可见鳞屑、结痂、红斑等病变。

慢性患犬在头颈部、腹部和四肢末端出现以散在性含有黏稠丝状液体的小水疱或大疱为主要特征。质软，偶有鳞屑、结痂、红斑、化脓或溃疡症状。患部呈斑块状脱毛，残存的被毛易拔出，不易折断。

黏蛋白沉积症有时可累及咽部，出现上呼吸道症状。

【诊断】根据品种特征和临床症状及特征性病理组织学变化，可初步诊断。但要注意与其他原因所致的皮肤病相鉴别。

1. 细胞学检查 可见无定形、无细胞结构的嗜碱性黏蛋白。

2. 活组织检查 初期可见外毛根鞘和皮脂腺水肿，空隙中有黏蛋白沉积。个别毛囊变成空腔，其腔内含有黏蛋白，毛根鞘细胞变性。真皮上部可见局限性界限不清、大小不等的囊肿，有大量黏蛋白沉积。

【鉴别诊断】应注意与甲状腺功能减退伴发的黏液水肿、具有小水疱病变的自身免疫性和免疫介导性皮肤病相鉴别。

【治疗】对本病导致的继发性皮肤病如异位性皮炎、食物过敏、脓皮症和真菌性皮炎要及早控制，防止皮肤小水疱形成。

对于多数 2～5 岁沙皮犬的皮肤黏蛋白沉积症，可只观察而不治疗，多数病变可自愈。

对于病情严重的犬，氢化可的松，1～2 mg/kg，口服，每天 1 次，连用 7 d，随后在 30 d 内逐渐减量，可减轻黏蛋白聚集。个别犬可能需要反复治疗或持续低剂量以维持疗效。

本病一般预后良好，多数犬最终自愈。

【预防】犬的黏蛋白沉积症属于先天性疾病，目前尚无有效的预防方法。

三、炎症后色素过度沉着

炎症后色素过度沉着是皮肤炎症后色素过量沉积导致的皮肤色素斑疹，是一种获得性色素沉着症。

正常皮肤黏膜中巯基可抑制酪氨酸氧化为黑色素，发炎时一部分巯基被消除导致局部色素增加。目前认为，在多种外界环境因素和生理因素，如紫外线、炎症反应、皮肤老化的影响下，表皮细胞会产生自分泌和旁分泌激素或细胞因子，在局部形成自分泌、旁分泌机制而起到重要的调节皮肤色素沉着的作用。

【病因】炎症后色素沉着的多少可能与个体素质及原发性皮肤病的严重程度和持续时间有关。多数炎症后色素过度沉着的原发病明确，皮肤颜色的改变常常是痊愈过程的一部分。在黑色素生成过程中，任何一步发生改变都能导致色素沉着发生。它可能随着慢性炎症过程而出现，或与肿瘤的形成、甲状腺功能减退等有关。其发病机制目前尚不完全清楚。

【症状】色素过度沉着一般表现为皮肤呈点状、圆形、片状或弥散性，边界不清、形状不规则、身体各部位均可发生的色素沉着（图 2-10-1）。犬常见，猫不常见。

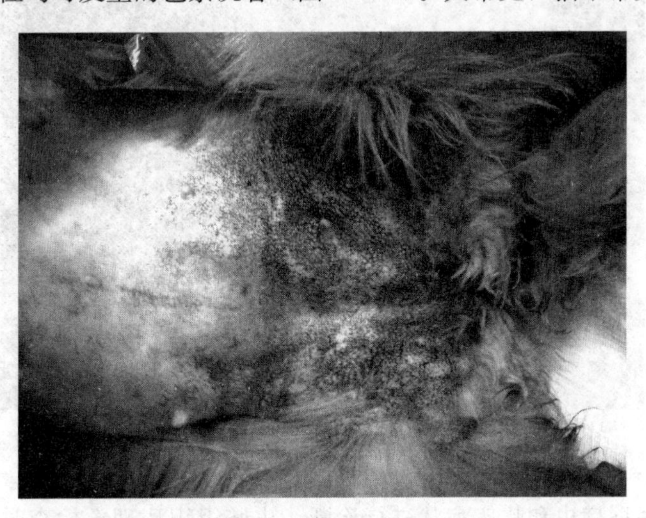

图 2-10-1　炎症后色素过度沉着

【诊断】通常根据病史和临床症状进行诊断，并确定潜在的其他皮肤疾病。

【鉴别诊断】应注意与先天性多色素症、日光性皮炎、自身免疫性皮肤病、皮肤淋巴瘤等相鉴别。

【治疗】确定并去除潜在病因。鉴别并治疗引起色素沉着的炎症性皮肤病。

【预防】早期皮肤炎症和外伤的正确处理、控制炎症的持续时间和程度是重要的预防措施。

四、鼻部色素减退

鼻部色素减退是指由各种原因引起的鼻镜皮肤黑色素部分或全部脱色的病理状态。很多种外伤，如烧伤、冷冻、放射线或其他物理性损伤引起的慢性炎症，造成黑色素细胞的破坏，降低了其迁移到受伤皮肤的可能，最终导致局部色素减退。

鼻镜的颜色是由基底细胞层的黑色素细胞产生黑色素的量和表皮有棘细胞摄取黑色素的比例来决定的。当犬由于各种原因造成鼻端损伤后，可出现相应大小的脱色斑，鼻部仅颜色变浅，但其鹅卵石样纹理保持不变；部分自身免疫性皮肤病会破坏鼻部正常的纹理。

【病因】患犬整个鼻镜脱色可能与激素有关。有些鼻部色素减退可能是一种特发性疾病。患犬出生时鼻部色素正常，但随着年龄增长而出现色素减退，可能反复发作，呈季节性、自愈性或永久性病变。

此外，自身免疫性疾病和其他系统性疾病也可引起犬鼻部色素减退。

【症状】患犬鼻镜有大小不等的脱色斑，当有外伤或溃疡等而继发感染时，局部红肿，触之有疼痛反应。当出现全身性内分泌性疾病时，整个鼻镜全脱色，并伴有眼睑、口唇、外阴部的脱毛（图 2-10-2）。

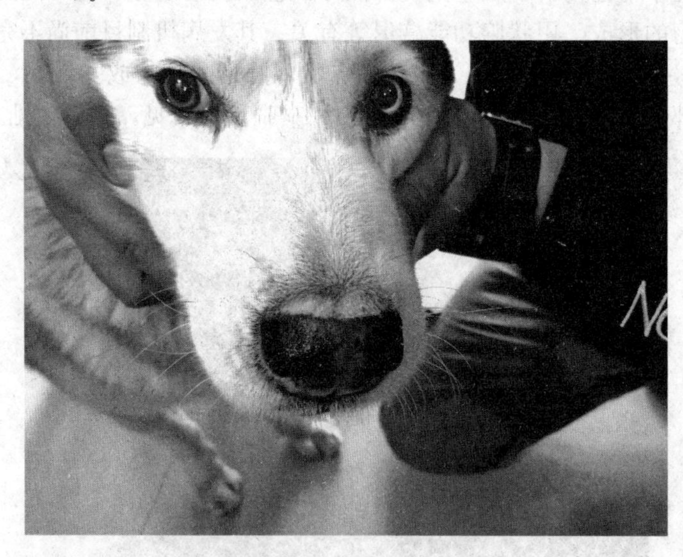

图 2-10-2　鼻部色素减退

【诊断】通常根据病史和临床症状进行诊断。皮肤组织病理学检查时，可见表皮的黑色素细胞和黑色素明显减少。

【鉴别诊断】应注意与葡萄膜皮肤病综合征、鼻部日光性皮炎、自身免疫性皮肤病和犬皮肤淋巴瘤相鉴别。

【治疗】对外伤或溃疡等局部性脱色，要寻找并治疗潜在的原发病，基底细胞层修复后，色素自然恢复。此外，涂布防晒霜，避免日光暴晒，也可促进色素恢复。当患部继发感染时，应涂布抗生素软膏，口服维生素类药物等。

【预防】注意防止犬鼻部外伤和物理性损伤。

五、日光性皮炎

犬、猫的日光性皮炎通常是无被毛保护的皮肤、无色素皮肤、浅色或损伤的皮肤长期暴露于日光和紫外线辐射中所致。

【病因】犬、猫的日光性皮炎与人、牛、猪等的感光性物质引起的光线过敏症不同。犬日光性皮炎是由于夏季阳光和紫外线的反复照射引起。主要发生于柯利犬、长毛牧羊犬及同品系色素少的犬。户外犬的发病率高，但犬鼻部日光性皮炎不常见。

紫外线辐射对皮肤的损伤取决于暴露持续时间和频率，日光照射的强度与地理纬度有关，皮肤的反应与由基因决定的皮肤颜色、被毛密度和遗传易感性有关。

【症状】鼻部病变表现为鼻端及其邻近的无色素、被毛稀疏的皮肤出现红斑和鳞屑，持续暴露在阳光下时导致脱毛、结痂、糜烂、溃疡和瘢痕。持续暴露于紫外线下可出现肿瘤前病变。

躯干部病变表现为受伤的皮肤出现红斑和鳞屑，随着持续的日光照射，会出现红斑、丘疹、斑块和结节。随后病变发展为结痂、糜烂以及溃烂。病变常见于患犬腹下部及大腿内侧，也可见于尾尖和肢端。常继发脓皮症。

猫日光性皮炎起初表现为轻微红斑、鳞屑和脱毛，如果持续暴露于日光下，皮肤病变会继续加剧，出现红斑、脱毛、结痂、溃疡和疼痛，最常见于耳尖和耳缘，但也见于眼睑、鼻部和口唇。本病常见于户外活动的老年猫和生活在室内但喜欢晒太阳的猫。

【诊断】根据长时间暴露在日光下的病史、临床症状并排除其他类似皮肤疾病进行诊断。

皮肤组织病理检查可见病变部位表皮增生和浅表性血管周围炎。可见到有空泡的表皮细胞、角化不良的角质形成细胞和弹性蛋白嗜碱性退变。严重病变可见表皮增生和发育不良，但不侵害基底膜。

【鉴别诊断】应注意与鼻部脓皮症、蠕形螨病、皮肤癣菌病、盘状红斑狼疮、红斑性天疱疮和皮肤肿瘤相鉴别。

【治疗】禁止暴露于阳光下，尤其是光照强烈的中午。如果无法避免被日光照射，应在易感区使用防晒霜。同时口服维生素 A 可能对某些犬的日光性皮炎有效。

如果病变部位发生继发感染，应使用全身性抗生素治疗，连续用药 4～6 周。

对患有日光性皮炎的早期病例，避免日光照射通常能完全康复。然而慢性溃疡性鼻部病变或溃疡深的病变通常可形成瘢痕。晒伤的躯干皮肤也有可能发展成为血管瘤或血管肉瘤。

【预防】避开日光照射、避免直接或反射的日光。外出时穿防晒服，可能有助于减少日光照射。

任务反思

1. 犬家族性皮肌炎常见的临床症状是什么？怎样合理治疗犬家族性皮肌炎？
2. 犬皮肤黏蛋白沉积症常见的临床症状是什么？怎样合理治疗犬皮肤黏蛋白沉积症？
3. 炎症后色素过度沉着常见的临床症状是什么？怎样合理治疗炎症后色素过度沉着？
4. 犬鼻部色素减退常见的临床症状是什么？怎样合理治疗犬鼻部色素减退？
5. 犬日光性皮炎常见的临床症状是什么？怎样合理治疗犬日光性皮炎？

附　录

附录1　皮肤病问诊单

<table>
<tr><th colspan="2">××宠物医院皮肤病问诊单</th></tr>
<tr><td>客户信息</td><td>主人姓名____　联系方式____　地址____　日期____</td></tr>
<tr><td>宠物信息</td><td>宠物名____　类别____　品种____　年龄____　体重____
性别：公/母　　绝育：是/否</td></tr>
<tr><td colspan="2">1. 结合视诊让宠物主人叙述宠物目前的皮肤病问题（主人发现）：____</td></tr>
<tr><td colspan="2">2. 宠物平时吃的食物：（□宠物食物　□人类食物　□零食　□添加剂）；是否更换食物及与皮肤病的关系____</td></tr>
<tr><td colspan="2">3. 宠物平时洗澡情况：（□人用浴液　□宠物浴液）；（□自己洗　□宠物店洗）；洗澡____次，梳毛____次；最近一次洗澡时间：____</td></tr>
<tr><td colspan="2">4. 宠物平时的生活环境：地板（□瓷砖　□木地板　□水泥地）；睡觉（□地面　□沙发　□卫生间）；主人房子是否新房或新装修____；主人是否经常拖地____；拖地时是否用消毒液____；家里是否有地毯____</td></tr>
<tr><td colspan="2">5. 宠物是否经常接触以下变应源：□抽烟者　□香水　□花粉　□茉莉花　□羊毛制品　□花露水　□蚊香　□空气清新剂　□其他气味浓厚的东西</td></tr>
<tr><td colspan="2">6. 宠物室外活动情况：（□活动多　□活动少）；经常玩耍的地方（□公园　□草地）；经常排便的地方（□路边　□草丛）；是否经常与其他犬一起玩耍____；最近是否带宠物外出旅游、郊游、寄养、游泳____；家里是否有其他宠物：____；家里其他宠物是否也出现类似病变：____</td></tr>
<tr><td colspan="2">7. 宠物主人发现皮肤病的时间____；发病部位____；发病速度：（□突然发病　□渐渐发病）；是否抓痒（包括抓、挠、舔、啃）____；经常抓痒部位____；抓痒程度（瘙痒指数）____；家人是否有类似情况：____</td></tr>
<tr><td colspan="2">8. 最近是否在用药物治疗，效果如何（包括外用、口服、洗剂、耳剂，眼剂、中草药等）____；最近是否进行体外驱虫，驱虫时间____；是否曾经做过绝育手术，手术时间____；粪便情况：（□正常　□稀软）；耳垢情况：（无/少/多）</td></tr>
<tr><td colspan="2">9. 有无以下与肾上腺机能有关的症状：
□多饮　□多尿　□多食　□肝肿大　□肝功能上升　□后肢无力　□腹部水壶状膨大　□尿路感染　□皮下血管明显　□皮下钙化</td></tr>
<tr><td colspan="2">10. 有无以下与甲状腺功能有关的症状：□皮下淤血　□嗜睡　□行动缓慢温顺　□表情悲伤　□脉搏缓慢　□脉搏不齐　□早发型皮肤炎/耳炎　□畏寒　□食欲不佳但肥胖，皮肤松弛　□再生不良性贫血　□高胆固醇血症　□高甘油三酯血症　□全身性色素沉着　□皮温低</td></tr>
</table>

附录2　小动物皮肤病诊疗报告书

小动物皮肤病诊疗报告书
感谢您为您的宠物＿＿＿＿＿＿诊治皮肤疾病，诊断检查结果如下：
一、过去病史及治疗史，根据动物主人提供的资料及问诊记录：
二、经视诊、触诊时皮肤所表现的局部病变有： 原发性病变：□斑　□丘疹　□水疱　□脓疱　□荨麻疹　□结节　□肿瘤　□囊肿 继发性病变：□表皮环　□糜烂溃疡　□表皮剥落　□苔藓化　□胼胝　□瘢痕 原发/继发性病变：□脱毛　□虫蛀形病变　□老鼠尾　□鳞屑　□结痂　□红疹　□色素沉着　□色素减退 □皮肤钙化　□黑头粉刺　□水肿 病变部位：＿＿＿＿＿＿
三、问诊、视诊、触诊所表现的全身性症状有： □啃脚舔舐身体　□睡觉中醒过来抓　□进食中抓痒　□散步中停下来抓　□无时无刻地抓　□门诊过程中也抓 □四掌背等部位被毛红染秃毛　□被毛被啃得参差不齐　□典型跳蚤过敏的腰背部瘙痒反应　□先痒后红　□先红后痒 瘙痒指数评估＿＿＿＿＿＿ □多量耳垢　□中等量耳垢　□少量耳垢　□耳道缩小肥厚　□搔抓耳朵　□触诊耳外部疼痛　□摇头斜颈 □耳朵内面红疹/肥厚/苔藓化/色素沉着等慢性耳炎的病变　□歪头无法走直线　□耳缘有病变 以上耳部检查结果评估＿＿＿＿＿＿ □多饮/多尿/多食　□肝肿大　□腹部水壶状膨大　□肝功能上升　□后躯无力　□尿路感染　□皮下血管明显 □皮下钙化　□皮肤菲薄 以上与肾上腺功能亢进有关的症状＿＿＿＿＿＿ □皮下淤血　□嗜睡　□行动缓慢　□表情悲伤　□脉搏缓慢　□脉搏不齐　□耳炎　□畏寒　□肥胖　□色素沉着 □皮温低　□高胆固醇血症　□再生不良性贫血 以上与甲状腺功能减退有关的症状＿＿＿＿＿＿
四、进行下列必要的检查及结果： 搔刮检查：＿＿＿＿＿　拔毛镜检：＿＿＿＿＿　胶带粘贴：＿＿＿＿＿ 伍德灯：＿＿＿＿＿　耳垢涂抹：＿＿＿＿＿　穿刺细胞学：＿＿＿＿＿ 血液检查：肝功能＿＿＿＿＿　肾功能＿＿＿＿＿　肾上腺＿＿＿＿＿　甲状腺＿＿＿＿＿
五、依据临床症状、病变及基本检查结果诊断为： ＿＿＿＿＿＿＿＿＿＿＿＿＿＿＿＿＿＿＿＿ 其他说明　□环境过敏　□脓皮症　□皮肤癣菌　□蠕形螨　□食物过敏
六、依据诊断结果建议的治疗方案及疗程：
七、建议动物主人密切配合以下事项，使治疗达到最高疗效：
八、告知本次用药可能出现的不良反应： □食欲改变　□下痢或软便　□牙龈增生　□体重减轻　□睡眠增加　□走路无力　□尿量改变　□饮水量改变 □多饮/多食/多尿　□白细胞数量下降　□皮肤潮红　□出现发情症状　□耳朵内皮肤潮红　□滴剂的局部刺激
九、下次复诊日期为：＿＿＿＿＿＿ 下次复诊前请注意　□3～5 d不可洗澡　□禁水禁食6 h以上

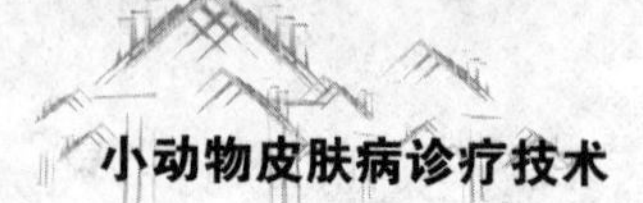

附录3 小动物皮肤病病变评估表（以异位性皮肤炎为例）

异位性皮肤炎皮肤病变评估表								
身体部位			编号	红斑	苔藓化	表皮剥落	自残秃毛	总分
颜面	耳前		1					
	眼周		2					
	唇周		3					
	鼻镜		4					
	下巴		5					
头部	背面		6					
耳郭	左	凸面	7					
		凹面	8					
	右	凸面	9					
		凹面	10					
颈部	背面		11					
	腹面		12					
	侧面		13					
腋窝	左		14					
	右		15					
胸骨			16					
胸廓	背面		17					
	侧面		18					
腹股沟	左		19					
	右		20					
腹部			21					
腰部	背面		22					
肋腹部	左		23					
	右		24					
前肢	左	前面	25					
		侧面	26					
		尺骨曲面	27					
		腕骨曲面	28					
	右	前面	29					
		侧面	30					
		尺骨曲面	31					
		腕骨曲面	32					

（续）

异位性皮肤炎皮肤病变评估表								
身体部位			编号	红斑	苔藓化	表皮剥落	自残秃毛	总分
前脚	左	掌面	33					
		掌背面	34					
		指骨掌面	35					
		指骨背面	36					
	右	掌面	37					
		掌背面	38					
		指骨掌面	39					
		指骨背面	40					
后肢	左	前面	41					
		侧面	42					
		腿骨曲面	43					
		跗骨曲面	44					
	右	前面	45					
		侧面	46					
		腿骨曲面	47					
		跗骨曲面	48					
后脚	左	掌面	49					
		掌背面	50					
		趾骨掌面	51					
		趾骨背面	52					
	右	掌面	53					
		掌背面	54					
		趾骨掌面	55					
		趾骨背面	56					
肛门周围			57					
生殖器周围			68					
尾巴	腹面		69					
	背面		60					
级数（每一个部位，每一个病变）：无：0.1；轻度 2，3；中等度 4，5；严重 6，7。								

附录4　皮肤病常用抗生素一览表

皮肤病常用抗生素一览表				
抗生素	作用	剂量/（mg/kg）	用法	用药间隔/h
红霉素	大环内酯类抑菌剂，主要抑制细菌核糖体蛋白质的合成	10～15	口服	8
林可霉素	杀菌类抗生素，主要抑制细菌蛋白质的合成	22	皮下注射	12
克林霉素	杀菌类抗生素，主要抑制细菌蛋白质的合成	11	皮下注射	12
阿莫西林	杀菌类抗生素，主要抑制细菌细胞壁的合成	20	口服或注射	12
克拉维酸钾阿莫西林	克拉维酸为β-内酰胺酶抑制剂，阿莫西林主要抑制细菌细胞壁的合成，二者联合有协同作用	12.5～25	口服或注射	12
头孢氨苄	第一代头孢菌素类抗生素，主要抑制细菌细胞壁的合成	15～30	口服	12
恩诺沙星	氟喹诺酮类杀菌剂，直接作用于细胞核，抑制细菌DNA的复制	5	口服或注射	24
马波沙星	氟喹诺酮类杀菌剂，直接作用于细胞核，抑制细菌DNA的复制	2	口服或注射	24
头孢维星钠	第三代头孢菌素类抗生素，长效，广谱，主要抑制细菌细胞壁的合成	8	皮下注射	14d
增效磺胺	为磺胺甲噁唑（SMZ）、磺胺嘧啶（SD）和甲氧苄啶（TMP）的复合制剂，主要干扰细菌叶酸代谢	30	口服	12

附录5　简易瘙痒评分表

瘙痒评分		
0分	正常	根本不痒，与皮肤病发病前相比无区别
1分	微痒	偶尔瘙痒，与皮肤病发病前相比瘙痒程度小幅度提高，但未见搔抓引起的继发性皮疹
2分	轻度瘙痒	瘙痒次数增多，可见少量搔抓引起的继发性皮疹。但是在睡觉、吃饭、玩耍、运动或外出时不会瘙痒
3分	中度瘙痒	经常瘙痒，安静时瘙痒经常发作，偶尔会在睡觉时醒来搔抓。可见明显搔抓引起的继发性皮疹，偶尔也会在吃饭、玩耍、运动或外出时瘙痒
4分	重度瘙痒	频繁瘙痒，每次瘙痒时间延长，在睡觉时经常醒来搔抓。可见大量搔抓引起的继发性皮疹和脱毛，经常在吃饭、玩耍、运动或外出时停下来搔抓
5分	剧痒	剧烈瘙痒，几乎不停搔抓，即使在吃饭、玩耍、运动或外出时也频繁搔抓，需要强行制止犬的搔抓行为

附录6　简易皮肤细胞学指标评估

炎症	项目		
	炎性细胞数	细菌数	放大倍数
正常	＜1个	＜2个	高倍视野（100×物镜）
＋	1～4个	2～5个	高倍视野（100×物镜）
＋＋	4～10个	5～10个	高倍视野（100×物镜）
＋＋＋	10～20个	10～15个	高倍视野（100×物镜）
＋＋＋＋	＞20个	＞15个	高倍视野（100×物镜）

备注：炎性细胞通常指中性粒细胞；细菌通常指葡萄球菌或假中间葡萄球菌。

参考文献

蔡有龄，2010. 皮肤病病理与临床［M］. 北京：人民军医出版社.
蔡有龄，2012. 皮肤病病理学培训教程［M］. 北京：人民军医出版社.
陈朝澧，2013. 伴侣动物临床皮肤病学［M］. 新北：合记图书出版社.
蒂萨德，2012. 兽医免疫学［M］. 8版. 张改平，崔保安，周恩民，主译. 北京：中国农业出版社.
杜护华，杨宗泽，2008. 动物内科疾病［M］. 北京：中国农业科学技术出版社.
郭琛琛，高永涛，刘佩，等，2016. 犬猫日光性皮肤病的诊断和治疗［J］. 今日畜牧兽医（12）：63-65.
韩博，2011. 犬猫疾病学［M］. 3版. 北京：中国农业大学出版社.
金光辉，2011. 犬肛门腺炎诊疗体会［J］. 中国畜禽种业（8）：81.
雷玉琰，2014. 动物孢子丝菌病的发病机理、病理变化与诊断［J］. 兽医临床（7）：170.
李志，2019. 宠物疾病诊治［M］. 4版. 北京：中国农业出版社.
刘成功，2010. 犬蜱病的防治［J］. 中国工作犬业（4）：14-15.
刘健红，张善财，2014. 糖皮质激素类药物在宠物临床中的使用准则［J］. 广东畜牧兽医科技，39（1）：41-43.
木克日木·帕尔哈提，2014. 犬肛门腺炎的诊疗［J］. 中国畜牧兽医文摘，30（8）：163.
田武林，李彬，何利红，等，2011. 犬放线菌病的诊断与治疗［J］. 中国兽医杂志，47（8）：67-68.
王奔，王海成，张宏玲，2010. 犬脱毛症的发病原因及防治措施［J］. 湖北畜牧兽医（1）：36-37.
王春富，2012. 犬自咬症的诊断与治疗［J］. 畜牧兽医科技信息（3）：108-109.
王洪斌，2016. 兽医外科学［M］. 5版. 北京：中国农业出版社.
王静，孙伟东，金艺鹏，2016. 犬猫皮肤癣菌病致病菌种鉴定及药敏试验［J］. 中国兽医杂志（52）：71-73.
王学梅，郝小静，张倩，2013. 犬马拉色菌性皮炎的诊断与治疗［J］. 山东畜牧兽医（34）：30.
吴杰，2009. 浅谈糖皮质激素在犬病临床的应用［J］. 中国动物保健（6）：106-107.
韦华梅，2014. 犬马拉色菌病皮炎和耳炎的诊疗［J］. 经济动物（7）：128.
严规良，1989. 皮肤病知识［M］. 上海：上海科学技术出版社.
张爱斌，冯国华，李瑞芹，2013. 浅谈犬脱毛症的发病原因与防治措施［J］. 山东畜牧兽医（7）：47-48.
张敏，韩冬梅，侯宝春，2014. 牛诺卡氏菌病的剖检变化与实验室检验［J］. 养殖技术顾问（2）：150.
张文增，2014. 狂犬病疫苗接种常见的不良反应及其防控措施［J］. 中国畜牧兽医文摘，30（9）：134.
张毅，叶春法，江黎杰，2012. 宠物犬脱毛症的诊治［J］. 中国畜牧兽医文摘，28（5）：159.
赵伟，徐在品，王清宇，2010. 一例犬顽固性耳血肿的治疗［J］. 中国畜牧兽医（1）：194-195.

赵义龙，矫继峰，赵金香，2013. 犬自咬症的诊断与治疗［J］. 黑龙江畜牧兽医（20）：117.
卓国荣，齐先峰，李艳艳，2017. 26例犬耳血肿的诊治体会［J］. 黑龙江畜牧兽医（10）：195-197.
Cynthia，Scott Line，2015. 默克兽医手册［M］. 10版. 张仲秋，刘伯良，主译. 北京：中国农业出版社.
Karen Helton Rhodes，Alexander H. Werner，2014. 小动物皮肤病诊疗彩色图谱［M］. 2版. 李国清，主译. 北京：中国农业出版社.
Keith A. Hnilica. 2015. 小动物皮肤病彩色图谱与指南［M］. 3版. 刘欣，夏兆飞，主译. 北京：中国农业大学出版社.
Richard，C. Guillermo Couto，2012. 小动物内科学［M］. 3版. 夏兆飞，张海斌，袁占奎，主译. 北京：中国农业大学出版社.

图书在版编目（CIP）数据

小动物皮肤病诊疗技术 / 张红超主编 .—北京 ：中国农业出版社，2023.1

高等职业教育农业农村部“十三五”规划教材

ISBN 978-7-109-30155-9

Ⅰ.①小… Ⅱ.①张… Ⅲ.①动物疾病—皮肤病—诊疗—高等职业教育—教材 Ⅳ.①S857.5

中国版本图书馆 CIP 数据核字（2022）第 185318 号

小动物皮肤病诊疗技术

XIAODONGWU PIFUBING ZHENLIAO JISHU

中国农业出版社出版

地址：北京市朝阳区麦子店街 18 号楼

邮编：100125

责任编辑：徐 芳 李 萍　　文字编辑：耿增强

版式设计：杜 然　　责任校对：周丽芳

印刷：北京通州皇家印刷厂

版次：2023 年 1 月第 1 版

印次：2023 年 1 月北京第 1 次印刷

发行：新华书店北京发行所

开本：787mm×1092mm 1/16

印张：8

字数：200 千字

定价：35.00 元